일러스트로 🦴 알기 쉬운

가장 완벽한

강아지
행동 진단
가이드

초판 인쇄일 2026년 3월 13일   초판 발행일 2026년 3월 20일
지은이 애견 훈련사 유키   옮긴이 한세희
발행인 박정모   등록번호 제9-295호
발행처 도서출판 혜지원   주소 (10881) 경기도 파주시 회동길 445-4(문발동 638) 302호
전화 031)955-9221~5 팩스 031)955-9220
홈페이지 www.hyejiwon.co.kr

기획·진행 박혜지   디자인 김보리   영업마케팅 김준범, 서지영
ISBN 979-11-6764-097-0   정가 17,000원

ILLUST DE WAKARIYASUI!
AIKEN TONO KIZUNA GA GUTSU TO FUKAMARU HON
©doggutorena & pettofudohanbaisiyuki 2022
First published in Japan in 2022 by KADOKAWA CORPORATION, Tokyo.
Korean translation rights arranged with KADOKAWA CORPORATION, Tokyo
through Danny Hong Agency.

SICK

일러스트로 알기 쉬운

SLEEPY

가장 완벽한

강아지
행동 진단
가이드

LOVE

SAD

애견 훈련사 **유키** 지음

한세희 옮김

혜지원

여러분, 안녕하세요. 반려견 훈련사 겸 반려견 전용 음식을 판매하는 유키입니다. 우선, 이 책을 읽어주셔서 진심으로 감사합니다.

저는 그동안 반려견 관리와 돌봄 분야의 전문가로서, 인스타그램과 유튜브를 통해 반려견과의 생활을 더욱 즐겁게 하고, 반려견을 한층 더 사랑할 수 있는 다양한 정보들을 소개해 왔습니다.

여러분의 공감 어린 반려견 에피소드를 들을 때마다, 반려견과 함께하는 시간을 얼마나 소중히 여기고 있는지 새삼 느낄 수 있었습니다.

반려견과 함께 살며 생긴 궁금증을 풀고, 도움이 되고 싶다는 마음에서 개에 관한 지식을 한 권의 책으로 정리해 출판했습니다. 개의 행동에 숨겨진 감정과 습성을 중심으로 건강, 식사, 산책 같은 일상생활에 꼭 필요한 주제를 다뤘습니다.

이 책을 읽다 보면 이제까지와는 비교가 안 될 만큼 반려견의 마음을 정확히 이해할 수 있을 것입니다. 여러분 가정의 강아지에 관해 궁금한 것이 있다면, 책을 한 번 펼쳐 보세요. 사료는 어떻게 골라야 하는지, 산책은 어떻게 해야 더 즐겁게 할 수 있는지 등, 일상에서 바로 적용할 수 있는 방법도 함께 담았습니다.

귀여운 그림과 함께 있으니, 강아지를 잘 모르는 초심자나 이제 막 관심이 생긴 분도 재미있게 읽을 수 있을 것입니다. 본문에 등장하는 개 그림은 특정 견종을 그린 것은 아니니, 여러분의 강아지라고 생각하고 읽어 주세요.

저는 현재 12살과 13살의 티베탄 스파니엘들과 함께 살고 있습니다. 눈에 넣어도 아프지 않을 만큼 귀여운 아이들입니다. 이 아이들 덕분에 반려견은 놀랄 만큼 사람을 잘 따르는 사랑스러운 존재임을 매일 느끼고 있습니다.

이 책이 반려견과 함께하는 여러분의 삶에 조금이나마 도움이 되면 좋겠습니다. 감사합니다.

Contents

Part 2 개의 생태

Part3 개의 건강

Part 4 개의 식사

휠씬 즐거운!
Part 5 산책 매뉴얼

Part 1

개 의 감 정

견주의 애정이
잘 전달되고 있나요?

기쁠 때만 꼬리를
흔드는 것이 아니라고요?

말의 역할을 하는 꼬리

개의 꼬리는 상대방에게 다양한 감정을 전하는 말과 같은 역할을 합니다. 개들끼리는 꼬리의 높이와 흔드는 속도에 따라 기쁨이나 기대, 위협, 불안 등의 표현을 나눠서 사용합니다. 한 연구에서 개는 긍정적인 기분일 때 꼬리를 오른쪽으로, 부정적인 기분일 때는 왼쪽으로 흔든다는 것을 확인했습니다. 간혹 개에 따라 분간이 안 될 때도 있습니다. 꼬리로 개의 감정을 알려면 우선 평상시 꼬리의 위치를 확인하는 것이 중요합니다. 이를 기준으로 방향이나 흔드는 방식을 판단합니다.

기분이 좋을 때는 몸까지 흔든다

꼬리를 위로 세우고 좌우로 흔드는 건 기쁨의 표현입니다. 견주가 돌아왔거나, 칭찬받았을 때 등의 행복한 상태를 말합니다. 너무 기쁘면 몸까지 비비꼬면서 반깁니다. 위로 세우고 있지만 흔드는 폭이 좁다면 기대나 우호적인 기분을 나타내는 표현입니다. 개들 사이의 인사나 간식

기쁠 때는 크게 흔들어요

기분이 좋을 때는 꼬리와 함께 엉덩이도 살랑살랑 흔들며 즐거움을 표현합니다.

평소 꼬리의 위치는?

꼬리의 위치는 개들마다 다릅니다. 평상시에 꼬리 위치나 상태를 확인합시다.

불안할 때는 꼬리를 동그랗게 말아요

불안과 공포를 느끼면 꼬리를 다리 사이에 집어넣고 몸도 움츠리고 있습니다. 이는 급소를 감추기 위해서입니다.

화가 났을 때는 꼬리털이 역방향으로 서요

상대에게 공격적인 상태에서는 꼬리를 곧게 세워 자신을 과시하려는 모습을 보입니다.

을 받을 때처럼 두근거리는 기대감을 나타내는 행동입니다.

꼬리를 위로 바짝 세웠지만 가장 끝부분이 말려 있고, 빠르고 짧게 흔들 때는 위협의 사인입니다. 불안과 공포 등 부정적인 감정일 때는 꼬리도 아래로 축 내립니다. 꼬리를 다리 사이에 끼우고 있다면 불안함과 공포를 훨씬 많이 느끼고 있다는 의미입니다. 반면 부드러운 표정으로 꼬리를 약간 아래쪽으로 내린 채 살랑살랑 흔들고 있다면 편안한 상태라는 표현입니다.

멍! 포인트

꼬리의 방향과 흔드는 방법에 주목하자!

개도 얼굴에
감정이 보여요!

즐거우면 개도 웃어요!

놀 때는 웃기도 하고 싫어하는 개가 근처를 지나가면 표정이 굳기도 하는 등, 반려견의 표정을 살펴보면 감정이 얼굴에 그대로 드러나 보는 재미가 있습니다.

표정을 구분하는 포인트는 눈과 입인데, 여기에 귀의 모양도 함께 봅시다. 귀의 움직임이 잘 보이지 않는 처진 귀를 가진 개도 잘 살펴보면 귀 뿌리 부분이 움직입니다. 일굴 외에도 몸에 힘을 주는 정도나 자세 등을 같이 확인하면 쉽게 파

악할 수 있습니다.

즐겁거나 기쁠 때는 눈가나 귀, 입 등이 모두 적당히 풀려 있습니다. 눈은 아몬드 모양에 귀와 귀 사이는 넓게, 입은 살짝 벌려졌거나 자연스럽게 닫혀 있다면 견주가 쓰다듬어 줄 때나 다 놀고 난 뒤 편안한 상태로 있을 때 등의 표정입니다.

산책이나 간식 등 기대되는 순간에는 귀를 쫑긋 세우고 입 꼬리가 올라가 있습니다.

이는 동그란 눈을 반짝반짝 빛내며 호

흥분·기대

무슨 일 있어? 라며 귀를 쫑긋 세우고 반짝거리는 눈으로 바라봅니다.

즐거움·기쁨

얼굴에 긴장감이 전혀 느껴지지 않으며 안심한 부드러운 표정입니다.

공포·두려움

귀를 뒤로 확 젖히는 것은 자신감이 없다는 표현. 겁에 질려서 지금 당장 그 자리에서 도망치고 싶은 상태입니다.

긴장·곤란

흰자를 보이면 개가 스트레스를 받고 있다는 사인. 긴장해서 표정이나 몸에 힘을 주고 있는 것이 느껴집니다.

기심 가득한 모습입니다.

놀면서 입을 살짝 벌려서 혀를 내밀고 '헉헉' 하고 호흡할 때, 그때는 웃는 얼굴을 하는데, 개도 즐거울 때는 웃습니다. 다른 개도 이 호흡 소리를 들으면 긴장이 풀려서 친근감을 느끼고 다가갑니다. 조금만 연습하면 사람이 흉내 내도 같은 효과를 기대할 수 있습니다.

긴장하거나 곤란함을 느낄 때는 두리번거리며 시선을 피하기도 하고, 공포를 느낄 때는 눈을 자주 깜빡이며 귀를 뒤로 확 젖힙니다.

멍! 포인트

개의 감정을 표정으로 파악하면, 훨씬 잘 이해할 수 있다!

쓰다듬어 주면
좋아하는 부위&싫어하는 부위

배를 쓰다듬어 주면 좋아한다?

개를 쓰다듬는 행위는 애정과 신뢰 관계를 깊게 만들고, 몸에 상처나 이상이 없는지 확인할 수 있는 중요한 스킨십입니다. 개가 스스로 만질 수 없는 부위나 평소에 자주 움직이는 부위를 만져 주면 기분이 좋아 보이며 행복해 합니다.

제 인스타그램에서 견주를 대상으로 설문조사를 했더니 반려견이 가장 좋아하는 것 같은 부위로 꼽은 곳은 배였습니다. 갓 태어난 강아지는 스스로 배설하지 못해서 어미 개가 강아지의 몸을 핥아 배설을 돕습니다. 사람이 배를 쓰다듬어 주는 감각이 이와 비슷해서 배를 쓰다듬어 주는 것을 좋아하는 개가 많은 것입니다. 체온이 전해지도록 손바닥으로 천천히 쓰다듬읍시다.

개도 목과 어깨가 뭉친다?

개의 시선은 사람보다 훨씬 낮기 때문에 대부분 견주를 올려다보는 자세를 하게 되어서 의외로 목이 뭉쳐 있는 경우가 많습니다.

등은 털이 난 방향을 따라서

등을 천천히 쓰다듬으면 차분해지고, 꼬리 시작 주변을 휘저으며 빠르게 쓰다듬어 주면 꼬리를 흔들면서 좋아합니다.

목과 어깨가 뭉치니 풀어지도록 쓰다듬어 주세요

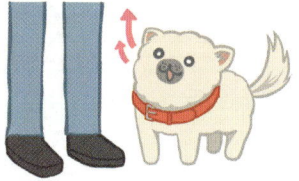

개는 뒷다리보다 앞다리에 중심이 쏠리기 쉽습니다. 견주를 올려다보는 경우가 많아서 어깨나 목이 잘 뭉칩니다.

민감한 부위는 무리하게 만지지 않아요

코나 입, 앞다리와 뒷다리, 꼬리 끝부분을 만지는 걸 싫어하는 반려견이 많습니다. 무리하게 만지지 않도록 합시다!

귀나 미간을 쓰다듬으면 차분해져요

개는 귀나 미간에 혈자리가 있어 부드럽게 쓰다듬으면 긴장이 풀리는 효과를 기대할 수 있습니다.

밥을 먹을 때나, 산책 중 냄새를 맡을 때 등 하루에도 몇 번씩 몸을 숙인 자세를 하고 있어서 어깨나 가슴에도 부담이 갑니다. 이 부위가 풀어지도록 쓰다듬어 근육의 긴장을 완화해 줍시다.

등이나 꼬리는 털이 난 방향을 따라 쓰다듬거나 피부를 살짝 집어 올리는 것도 OK! 미간과 귀 시작 부분과 끝부분에는 각각 혈자리가 있어서 가볍게 쓰다듬으면 기분 좋은 듯 눈을 감기도 합니다.

한편 코나 입, 앞다리와 뒷다리, 꼬리 끝은 특히 민감한 부위라 만지면 싫어하는 강아지가 많습니다. 병원에서 진찰하는 것을 싫어하지 않도록 몸 구석구석을 만져 주는 것이 제일 좋지만 우선 개가 좋아하는 부위부터 만져서 익숙해지도록 합시다.

멍! 포인트
쓰다듬으면 좋아하는 부위를 알아 두어 신뢰 관계를 잘 다집시다.

첫 만남에 머리를 쓰다듬는 것은 금물!

갑자기 만지면 경계해요!

처음 만난 개의 머리를 귀엽다며 만지는 건 잘못된 접근 방법입니다. 개는 낯선 사람이 갑자기 머리를 만지면 불쾌해하는 경우가 많고, 경계심 때문에 종종 물기도 합니다. 공격적인 태도까지는 보이지 않아도 긴장으로 몸이 굳어 움직이지 못하는 개도 있습니다,

처음 보는 개를 만질 때는 먼저 견주의 허가를 받는 것이 상식입니다. 손길을 싫어하는 개나 훈련 중인 개, 몸이 아픈 개

등 우리는 잘 모르는 다른 이유가 있을 수 있기 때문입니다.

개에게 다가갈 때는 곡선을 그리듯이 개의 측면으로 접근합니다. 이는 개의 인사 표현으로 적의가 없다는 것을 상대에게 전하는 방법입니다. 눈을 지그시 응시하면 위협으로 오해할 수 있습니다. 개에게 시선을 주지 않던가, 견주에게 말을 걸면서 다가가면 개도 안심합니다.

근처까지 갔다면 개의 눈높이에 맞춰 웅크리고 앉아 내려다보며 위압감을 주

개를 만질 때, 갑자기 머리부터 만지면 위험
합니다! 개의 시야에 들어오는 가슴 부근부
터 쓰다듬고 싫어하지 않는지 반응을 확인
합니다.

개는 정면에서 접근하면 경계합니다. 커브
를 그리듯이 우회해서 개의 측면 쪽에서 다
가갑시다.

지 않도록 합니다. 개를 만지기 전에 나
의 냄새를 맡게 합니다. 주먹을 쥔 채 손
등을 내밀어 개가 냄새를 맡을 때까지 기
다립니다. 손가락을 보이지 않도록 조심
하면 개에게 지금 바로 만지지 않는다는
뜻이 전해져 경계심도 풀립니다.

개에게 인사를 끝냈다면 드디어 터치.
이때 머리부터 갑자기 만지면 안 됩니다!
개는 사람의 손이 자신을 쫓아온다고 생
각해 공포심을 느끼고 경계합니다. 처음
에는 개의 시야에 들어오는 가슴 부근이
나 몸의 측면부터 쓰다듬고 싫어하지 않

는다면 목이나 등 같은 다른 부위도 쓰
다듬어 봅시다.

멍! 포인트

처음 만나는 개에게는 먼저 나의
냄새를 맡게 해서 거리감을 좁혀
봅시다!

개가 계속 화를 내며 진정하지 않아요!

'싫어, 그만해!'라고 말하고 싶어요

개는 불편하거나 몸의 위험을 느끼면 짖거나 으르렁거리며 혐오감이나 경계심을 드러냅니다. 화를 내는 정도는 성격마다 다르며 겁이 많은 개일수록 작은 일에도 화를 냅니다.

이빨을 닦거나, 발톱 손질, 병원 가기처럼 싫어하는 상황에 직면하면 '싫어, 그만해!'라고 화를 내며 저항합니다. 또는 같은 상황에서 무서운 경험을 한 적이 있다면 칫솔이나 발톱깎이를 보기만 해도 화를 내는 개도 있습니다.

이건 내 거야!

독점욕이 강한 개는 견주가 장난감이나 그릇을 정리하려고만 해도 '내 거야!'라고 화를 내며 자기주장을 합니다. 무리하게 빼앗으려 하면, 빼앗기지 않으려 오히려 필사적으로 저항하니 다른 것과 교환하는 것처럼 '주세요' 라는 지시어를 연습합시다.

내 거는 뺏기지 않을 거야!

좋아하는 장난감이나 밥그릇 등 독점욕이
강한 개도 있습니다.

싫어하거나 불편한 일은
화를 내며 거부

칫솔질이나 발톱 손질, 병원 등 불편한 일은
화를 내며 거절합니다.

몸을 만지는 걸 거부하면
이상 신호!

몸을 만지려고 하면 격하게 화를 냅니다. 이럴
때는 상처나 통증 때문일지 모릅니다. 무리하
게 만지지 말고 몸 전체를 잘 관찰합시다.

큰소리나 빠른 움직임은 싫어!

천둥이나 사이렌, 자전거, 스케이트보드 등
예측할 수 없는 큰소리나 빠른 움직임은 불
편해! 쫓아내려 짖으면서 화를 냅니다.

짖는 버릇이 들지 않도록 주의!

개는 소리나 움직임에 민감합니다. 천
둥이나 사이렌 소리, 자동차나 스케이트
보드 등 자신에게 다가오는 빠른 움직임
에는 경계심 때문에 화를 냅니다.

그런데 짖는 틈에 모든 상황이 끝나버
려서 개는 '내가 짖어서 쫓아냈다' 라고
착각하고 이 행동을 반복하기도 합니다.
상대방이 접근하기 전에 길을 돌려서 짖
는 버릇이 들지 않도록 합시다. 당황하며
막으면 '견주도 당황할 만큼 위험한 것'

으로 인식해서 오히려 계속 짖으니 냉정
하게 대응합시다.

몸을 만졌을 때 화를 낸다면 통증을 감
추고 있을 수 있으니 주의해서 관찰합시
다.

멍! 포인트

개가 화를 낼 때는 혐오감이나 공
포, 경계심 등 반드시 이유가 있습
니다.

머리를 좌우로 흔드는 건, 즐거움의 표현이야!

그 동작이 즐거움의 표현이었어?

반려견이 기쁨을 표현하는 행동을 보면 그것도 기쁨의 표현이었어? 하고 놀랄 때가 있습니다. 그중 하나는 머리를 좌우로 흔드는 동작인데, 마음에 드는 장난감을 입에 물고 머리를 흔들기도 합니다.

이처럼 머리를 좌우로 흔드는 행동은 사냥감에게 치명상을 입히던 야생의 습성이 남은 것이지만, 오늘날에는 식사나 산책 전후, 견주의 퇴근 직후 등 기대감

이 가득한 상황에서도 보이는 행동으로 너무 기뻐서 흥분한 마음을 장난감에 표현하는 것입니다.

두 번째는 '산책 가자' 라는 말을 들었을 때나 견주가 퇴근했을 때, 발 주변이나 그 장소에서 빙글빙글 도는 행동입니다. 그러나 자기 꼬리를 필사적으로 쫓는 모습은 스트레스 사인이니 반드시 주의해야 합니다!

세 번째는 '크르릉'이나 '으르렁'과 같은 짖는 소리인데, 놀이 중에 너무 즐거워서 흥분할 때 내는 소립니다. 개가 짖

자기 꼬리를 쫓는 행동은 스트레스 사인

개가 자기 꼬리를 필사적으로 쫓으며 물려는 모습은 기쁨의 표현이 아니라, 스트레스를 받고 있다는 증거입니다.

발 주변이나 그 장소를 빙글빙글 돌아요

견주의 발 주변이나 그 장소에서 즐거운 듯이 빙글빙글 도는 건 즐거움을 온몸으로 표현하는 것입니다.

좋아하는 견주에게 온몸을 맡기고 싶어

개가 다가와 몸을 붙이고 민다면, 이는 귀여워해 달라는 사인입니다. 잔뜩 쓰다듬어 줍시다.

즐거워서 짖기도 해요!

'으르렁', '우우~' 등 개들마다 즐거울 때 짖는 소리는 다양합니다.

는 것은 위협의 사인이기도 하지만 이 경우에는 너무 기뻐서 자기도 모르게 소리가 새어 나오는 경우입니다. '좀 더 놀아! 놀아줘!' 라며 치대는 개의 모습에서는 위협이나 경계심 같은 긴장감은 느껴지지 않습니다. 흥분이 가라앉지 않고 움직임이 격해진다면 '기다려' 또는 '앉아' 등의 지시어로 진정시킵시다.

네 번째는 몸을 찰싹 붙이면서 꾹꾹 미는 경우는 견주와의 접촉을 즐거워하는 마음과 귀여움을 받고 싶다는 마음이 담겨있습니다. 몸을 쓰다듬어 주면 '크르

릉'거리며 즐거워하는 소리를 들을 수 있습니다.

멍! 포인트

기쁠 때나 즐거울 때도 짖습니다.

질투의 화신이라 가끔은
난장판이 되기도…

인형에게도 질투해요!

개도 사람처럼 질투한다는 걸 알고 있나요? 질투할 때 보이는 반응은 귀여운 것부터 난감한 것까지 다양합니다. 흔하게는 다른 개나 아기, 장난감 등도 그 대상이 됩니다. 질투의 대상을 밀어서 견주 주변에서 떨어지도록 방해합니다. 한 연구에서 70% 이상의 반려견이 장난감에 질투를 느껴 행동한다는 결과도 있습니다. 이러한 행동 외에 주변을 어슬렁거리기, 지긋이 바라보기, 있는 힘껏 부딪

히기, 장난감을 물고 와서 놀자고 조르는 등 자신에게 관심을 돌리려고 다양한 방법으로 어필합니다.

여기까지는 귀엽지만 질투가 심해지면 슬리퍼나 배변 시트를 물어버리는 등 물건에 화를 내기도 합니다. 견주의 관심을 끌기 위해 일부러 배변 실수를 하는 개도 있습니다. 놀라서 반응하면 자신을 봐준다고 착각하니 아무렇지 않은 듯 빨리 정리합시다.

이 밖에 삐쳐서 옆방으로 가기, 갑자기 잠들기, 침울해하기 등 혼자서 끙끙 앓기

답답한 마음을 물건에 풀기도!

견주의 슬리퍼나 평소에는 물지 않는 물건에 화풀이하며 견주의 관심을 끌려고 합니다.

질투 상대를 방해해요!

견주와 질투 대상 사이에 끼어들어 필사적으로 자기 존재감을 드러냅니다.

토라지거나, 갑자기 자는 경우도…

말을 걸어도 무시하는 경우는 질투해서 토라진 것일 수도….

일부러 배변 실수를 하기도!

견주가 생각만큼 자기에게 관심이 없으면 일부러 배변 실수를 합니다!

==도 합니다.== 심심하거나 관심을 주지 않으면 스트레스를 받아 자기 발을 핥거나 깨무는 등의 행동도 합니다.

잠깐 하는 행동이면 문제가 없지만 질투로 인한 스트레스가 심하면 계속 발을 핥고 상처가 생길 정도로 깨물기도 하니 버릇이 들지 않도록 상냥한 목소리로 관심을 돌려 봅시다.

멍! 포인트

다루기 힘든 질투심이 생기지 않도록, 세심하게 자존심을 잘 지켜 주세요.

착한 아이는
그 자리에서 칭찬하기!

그 칭찬 법으로 잘 전달될까?

칭찬해도 반려견이 별로 기뻐하는 것 같지 않네…, 하고 생각한 경험이 있지 않나요? 견주는 칭찬할 마음이었지만 칭찬 방법의 포인트가 서로 다르면 개에게는 잘 전달이 되지 않습니다.

==가장 중요한 포인트는 칭찬받을 일을 했다면 그 순간 바로 칭찬해 주는 것입니다.== 타이밍을 놓치면 이해하지 못하니 칭찬받을 만한 일을 한 그 순간에 평소보다 훨씬 높은 목소리로 호들갑을 떨면

서 전달합니다.

단, 훈련 중에는 주의해야 합니다. 흥분하기 쉬운 개는 쉽게 가라앉지 않아 훈련을 계속할 수 없는 상황이 되기도 합니다. 칭찬하면 달리거나 점프하는 흥분한 상태의 개는 등이나 가슴 부근을 쓰다듬어 주면서 온화한 목소리로 칭찬합시다.

개의 반응을 확인하는 것도 중요합니다. 안아 주거나 머리를 강하게 쓰다듬으며 칭찬했는데, 그 행위를 싫어하는 개라면 기뻐하지 않습니다. 칭찬 방법이

훈련 중에는 너무 흥분시키지 않기!

돌진하거나 점프하는 등, 흥분해서 수습이 어려운 경우도…

잘했다면 그 순간 칭찬하기!

잘한 행동을 0.3~2초 이내에 칭찬하면 의욕 물질인 도파민이 분비되어 그 행동을 반복합니다.

간식을 많이 주지 않기

견주의 칭찬만으로도 훌륭한 보상입니다. 함께 기쁨을 나눕시다.

반려견의 반응은?

칭찬이 잘 전달되었는지 반려견의 반응을 확인합시다.

일방적이지는 않은지 평소의 반응을 잘 확인해 주세요.

또한 간식을 사용해서 칭찬하는 경우가 많은데, 여기에 너무 기대서는 안 됩니다. 간식을 주었다면 그다음에는 목소리만으로 칭찬하는 등 '상=간식' 이라는 공식을 만들지 않는 것이 중요합니다.

가장 중요한 건, 마음을 담아 칭찬하는 것으로 반려견은 견주의 표정과 목소리 톤에 민감합니다. 말만으로 칭찬하면 전달되지 않습니다.

견주가 기뻐하는 모습은 반려견도 기쁘게 합니다. 그러니 함께 기뻐해 주세요.

멍! 포인트

반려견에게 기쁨이 전염될 정도로 견주부터 기뻐합시다!

그 교육법은
역효과일지도 몰라!

어떤 방식으로 교육하나요?

반려견을 혼내도 효과가 없어 고민인 분들은 어떤 방식으로 교육하나요?
부드러운 어조나 높은 톤으로 '○○야, 안 돼~' 라고 주의를 주어도 개는 혼난다고 생각하지 않습니다. 오히려 칭찬받는다고 착각해서 장난을 더 칩니다.

교육할 때는 평소보다도 낮은 목소리와 강한 어조로 전달 할 것.

절대로 이름을 부르면서 혼내는 건 금물입니다. 반려견의 이름에 부정적인 이미지를 주지 않도록 조심합시다. '뭐 하는 거니! 또 하고 있네… 안 된다고 했지!' 라며 일일이 말로 혼낸다거나, 가족이나 견주의 기분에 따라 혼내는 내용이 다르면 개에게 혼란을 줍니다. 교육할 때는 '안돼', '그만!' 등, 짧은 단어를 사용하고 혼내는 내용도 가족끼리 통일합시다.

나중에 교육하면 효과가 없어요

교육은 좋지 않은 행동을 한 직후에만 할 것. 나중에 혼내봤자 견주의 기분만 좋지 않다는 불신을 줄 뿐입니다. 그리고

혼내는 타이밍은 잘못된 행동을 한 직후에만

장난을 다 치고 한참 뒤에 혼내면 개는 이해하지 못합니다. 무엇을 잘못했는지 연결해서 이해시키는 것이 중요합니다.

교육할 때의 어조는 강하고 낮은 목소리로

부드러운 어조로 혼내면 개는 혼나고 있다고 생각하지 않습니다. 교육할 때는 의식적으로 목소리를 다르게 해서 평소보다 훨씬 낮고 강한 어조로 합시다.

폭력으로는 개의 행동을 개선할 수 없습니다. 공포심을 느끼게 할 뿐, 왜 혼나고 있는지 이해할 수 없기 때문입니다. 몇 번이나 폭력을 당한 개는 자신의 몸을 지키려고 물거나 겁을 먹고 도망치기 때문에 좋은 관계를 만들 수 없습니다.

교육을 끝내면서 혼을 내면 개에게는 좋지 않은 이미지가 남아 다음 교육에서는 소극적으로 변하기도 합니다. 간단히 할 수 있는 '손'이나 '앉아' 등의 지시어를 성공시킨 후 칭찬하며 끝내도록 합시다.

멍! 포인트

교육할 때는 짧게 한마디로! 말투나 단어가 포인트입니다.

Part
1
개의 감정

만졌더니
갑자기 물렸다!

만지면 갑자기 화를 내는 이유는?

개의 몸을 만지고 있는데 태도가 갑자기 바뀌는 때가 있습니다. 좋아할 줄 알았는데 이러면 당황스럽습니다. 사실 여기에는 개 나름의 여러 이유가 있습니다.

첫 번째는 그 개의 취향입니다. 등이나 배는 쓰다듬어 주길 바라지만 발이나 꼬리는 만지지 않았으면 하는 등 개마다 쓰다듬어 주기를 원하는 부위는 다양합니다.

견주가 실제로 쓰다듬는 부위가 다르면 '거기가 아니야!' 라고 의사 표현하듯이 화냅니다.

두 번째는 흥분해서 자기도 모르게 물어버리는 경우입니다. 손바닥으로 천천히 쓰다듬으면 차분해지지만, 손가락 안쪽으로 몸의 표면을 빠르게 쓸면 장난으로 깨물기도 합니다.

흥분을 가라앉히지 못한다면 껌이나 장난감 등 물어도 좋은 물건을 주어 신경을 다른 곳으로 돌립시다.

세 번째는 집요하게 스킨십 하는 경우입니다. 쓰다듬으려고 손을 뻗었는데 개

너무 기뻐서
나도 모르게 물었어!

견주의 손을 장난감처럼 쫓아 무는 행동은
강아지나 건강한 개에서 자주 보입니다.

만져주길 바라는 부위는
거기가 아니야!

기분 좋은 듯이 손길을 즐기던 개가 갑자기
싫어한다면, 만지면 싫어하는 부위였을지도
모릅니다.

이상하게 더 화를 낸다면 통증이
있거나, 몸이 안 좋아서일지도?

손길을 좋아하던 개나, 화를 잘 내지 않는 개
가 만지려고 했을 뿐인데 화를 낸다면 아픈
것을 숨기는 것일지도….

가까이 있는 것만으로 만족해

쓰다듬어 주는 것보다 견주의 등이나 발에
자기 몸을 딱 붙이고 여유로움을 즐기는 타
입인 개도 있습니다.

가 그 자리를 피한 경험이 있지 않나요?
==개가 견주 옆으로 온다고 매번 스킨십을
바라는 건 아닙니다.== 옆에서 느긋하게 쉬
기만 하고 싶을 때도 있으니 ==상태를 잘
보고 판단하는 것이 중요합니다.==

　네 번째는 통증이 있거나 컨디션이 좋
지 않을 때. 몸 어느 부위가 아프거나 안
좋으면 만지려고만 해도 '멍!' 하고 물 것
처럼 짓기도 합니다. 가만히 움직이지 않
거나 수상한 변화가 있다면 동물 병원에
서 진찰을 받읍시다.

멍! 포인트

**반려견의 스킨십 취향은 애정이
많은 타입? 아니면, 쿨한 타입?**

핥는 부위에 따라 의미가 달라요

다양한 부위를 날름날름

개는 우리의 얼굴이나 손발 등 다양한 부위를 핥습니다. 핥는 부위에 따라 의미가 다르다는 것을 알고 있나요?

개가 자주 핥는 부위는 <mark>입 주변인데, 이 부위는 상대방을 신뢰하고 애정이 있다는 의미입니다.</mark> 또한 강아지는 배가 고프면 어미 개의 입 주변을 핥아 밥을 달라고 조릅니다. 그래서 '배고파, 간식 줘요!' 라며 보채는 경우도 많습니다.

<mark>손을 핥는 행위는 견주에게 놀아달라거나 몸을 만져 달라는 애교를 부리고 싶다는 신호입니다.</mark> 평소 자주 쓰다듬어 주는 견주의 손에 좋은 이미지를 가진 개들에게서 많이 보입니다.

혼났을 때 손을 핥으면 '더는 화내지 말아줘, 진정해요' 라며 달래려는 의미입니다. 또한 손에 음식 냄새가 남아 있으면 핥기도 하는데 이는 단순히 자기한테도 달라고 조르는 사인입니다. 그러니 반려견과 함께 간식을 먹었다면 손을 반드시 잘 씻어야 합니다.

한편 견주의 발을 핥는 것도 놀아달라

얼굴 근처에 있는 발을 갑자기 핥아요!

손보다 발에서 견주의 냄새가 훨씬 강하게 나기 때문에 눈앞에 있으면 갑자기 핥기도 합니다.

놀아주었으면 해서 손을 핥으며 응석 부려요

몸을 쓰다듬어 주거나 간식을 주는 등 손에 좋은 인상이 있으면 놀아달라고 조를 때 손을 핥습니다.

귀나 코 안쪽도 좋아서 핥아요!

견주가 자고 있을 때 핥기 좋은 부위는 코나 귀 안쪽. 견주가 놀라면 그 반응이 재밌어서 자주 하는 개도 있습니다.

거나 관심을 가져달라는 감정이 담겨 있지만 손을 핥았을 때보다는 소극적인 뉘앙스입니다. 견주의 반응이 좋으면 무릎 위로 올라가 이번에는 얼굴이나 손을 핥는 등 대담하게 조르기도 합니다!

또한 견주의 발냄새를 너무 좋아해 핥거나 막 벗은 신발을 깨물고 신발 위에 얼굴을 올린 채 잠드는 등 견주의 냄새에 푹 빠져 있는 개도 있습니다.

멍! 포인트
개가 핥는 행동을 잘 보고 충분히 애정을 받아 줍시다.

개의 무는 버릇은 생후 8개월 안에 결정된다!

닥치는 대로 물어요!

개는 잘 무는 동물입니다. 특히 유치가 빠지고 영구치가 나기 시작하는 생후 4~8개월 무렵, 이빨이 간지러워서 평소보다 집요하게 계속 뭅니다. 그렇다고 닥치는 대로 물게 해서는 안 됩니다. 이갈이가 시작될 무렵 자주 물었던 물건은 그 이후에도 자주 물게 되는 경향이 있습니다. 그러니 그 시기에 물어도 되는 것과 물면 안 되는 것을 구별해서 제대로 가르쳐야 합니다. 예를 들어 강아

지 시절에 견주의 슬리퍼를 물지 않았던 개는 그 이후에도 슬리퍼에 흥미가 없으며 장난도 치지 않습니다.

살짝 무는 것을 막으려면?

물면 안 되는 물건이나 위험한 물건은 개의 근처에 두지 않을 것. 가구나 기둥 등 옮길 수 없는 곳에는 쓴맛이 나는 장난 방지 스프레이나 커버를 씌우는 등의 방법으로 방지합시다. 테이블이나 의자 다리는 알루미늄 호일을 감아 두면 물었

생후 8개월 안에 무는 대상이 정해져요

이갈이 시기에 물었던 물건은 성장 후에도 자주 무는 경향이 있습니다. 이 시기에 물어도 좋은 것과 나쁜 것을 가르치는 것이 중요합니다!

이갈이 시기에는 집요하게 깨물어요

생후 4~8개월 무렵에는 유치가 빠지고 영구치가 나면서 이가 간지러워 입을 자주 신경 쓰게 됩니다.

손을 물었다면 놀이는 끝

놀이 도중 손을 물려도 큰소리로 반응하지 않기. 곧바로 그 자리를 벗어나 손을 물면 놀이는 끝이라는 것을 알려 줍시다.

장난 방지 스프레이로 가볍게 무는 것을 막기

개가 물면 안 되는 것은 만질 수 없는 장소로 옮기거나 쓴맛이 나는 장난 방지 스프레이로 가볍게 무는 것을 막읍시다.

을 때 이상해서 물지 않게 됩니다.

물고 싶어 하는 개의 욕구를 만족시키려면 로프나 동물 꼬리 모양의 장난감으로 주의를 끌거나 간식이나 음식이 들어 있는 교육용 장난감 등 포식 본능과 탐구심을 자극하는 놀이를 추천합니다. 터그 놀이는 자칫 손을 물지 않도록 길이가 긴 장난감을 사용해 놀아 줍시다.

놀이 중에 손을 물렸다면 반응하지 않고 그 자리에서 물러날 것. 손을 물었다면 즐거운 시간은 끝났다는 신호를 보여 주고 이해시키는 것이 효과적입니다.

멍! 포인트

물고 싶어 하는 욕구는 터그 놀이나 교육용 장난감으로 채워 줍시다.

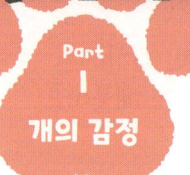

견주의 포옹, 사실은 싫다고?

포옹하면 하품해요

개를 너무 사랑해서 자기도 모르게 꼭 껴안기도 합니다. 그런데 개는 포옹을 귀찮아할지도 모릅니다.

한 연구에서 사람이 개를 포옹하는 사진을 검증했더니, 약 80%의 개가 하품하거나, 자기 코를 핥았으며, 얼굴을 돌리거나, 귀를 내리기도 하며, 흰자를 보이는 등, 스트레스 사인을 보였습니다. 불쾌함을 느끼지 않았다고 볼 법한 비율은 겨우 7.6% 정도였습니다.

개가 포옹을 싫어하는 이유로 추측되는 건 움직이지 못하는 데서 오는 불안함과 경계심. 그리고 서열 표시를 했다고 받아들여서 불쾌함을 느끼는 개도 많습니다.

애정 표현을 했는데 반려견에게는 고통의 시간이었다니 서운한 감도 있습니다.

포옹하면 발버둥 치거나 팔을 풀면 그자리에서 도망가거나 몸을 덜덜 떠는 경우도 포옹을 싫어할 가능성이 높습니다. 물론 포옹을 좋아하는 개도 있으니 계속해도 괜찮은지는 개의 반응을 보고 고려해 봅시다. 포옹을 싫어한다면 몸을 쓰다듬어 주거나 말을 걸어 애정을 표현합시다.

멍! 포인트

포옹했을 때, 반려견의 반응을 확인합시다!

개를 포옹하면 어떤 반응을 할까?

하품하거나 귀를 늘어뜨리고 코를 핥는 등의 스트레스 사인을 한다면 개는 포옹을 좋아하지 않을지도 모릅니다.

말로만 칭찬하면 들킨다?

칭찬할 때는 웃으면서 진심을 담아 칭찬하기

개는 견주의 말과 목소리 톤을 잘 구분합니다. 표정도 잘 살피고 있으니 웃으면서 진심을 담아 칭찬합시다!

말과 음색을 구분해요

개에게 말을 걸면 귀를 쫑긋 세우거나 고개를 갸웃하면서 말에 집중하는 듯 보입니다. 그런데 사실 견주의 말과 목소리 톤, 표정, 이 세 가지를 주목하여 이해하려 노력 중입니다.

MRI 장치를 사용해서 개의 뇌 반응을 조사한 해외 연구에 따르면 견주가 '진심으로 칭찬하는 경우'와 '마음 없이 칭찬하는 경우' 그리고 '칭찬과 상관없는 말을 칭찬하듯 하는 경우', '칭찬과 상관없는 말을 감정 없이 하는 경우' 이렇게 네 가지 패턴을 개에게 들려주었더니 의지나 기쁨과 연관 있는 보수계 신경회로가 반응한 것은 '진심으로 칭찬하는 경우' 뿐이었습니다. 이처럼 개는 정말로 칭찬받고 있는지 아닌지를 구분할 수 있습니다.

낮은 목소리나 말로만 칭찬할 경우 개가 기뻐하지 않는 이유는 칭찬하는 말과 목소리 톤이 맞지 않기 때문입니다. 개는 감정이 담기지 않은 칭찬하는 말에 속지 않습니다.

말의 내용과 목소리 톤뿐만 아니라 표정도 중요합니다. 개는 견주가 본 방향을 따라 보는 등, 표정과 시선에도 민감하게 반응합니다. 칭찬할 때는 웃으면서 진심으로 칭찬합시다.

멍! 포인트

개는 자신만의 방식으로 사람의 말을 이해합니다.

등을 대고 앉으면
사랑한다는 증거!

견주를 너무 좋아해!

개는 다양한 동작으로 사랑하는 견주에게 자기감정을 표현합니다. 예를 들어 견주 쪽으로 등을 기대는 것도 애정 표현 중 하나입니다. 무방비한 등을 대는 행위는 마음을 허락한 상대에게만 합니다.

견주의 얼굴이나 입을 계속 핥는 이유는 밥이나 간식을 요구하는 경우일 때도 있지만, 단순히 당신을 너무나 좋아해서 애교를 부리는 것일 수도 있습니다. 바로 배를 보이는 것도 강아지 시절의 버릇입

니다. 배를 만져주면 어미 개가 털을 정리해 주던 감각과 비슷하게 느껴, 견주가 옆에 앉으면 배를 보이며 쓰다듬어 달라고 애교를 부립니다.

견주가 집에 돌아오면 바짝 몸을 붙이는 동작을 합니다. 좋아하는 사람과 몇 시간 만에 재회한 기쁨을 나타내는 것입니다. 견주에게 붙은 바깥 냄새를 자기 냄새로 덮고 싶다는 마음도 담겨 있습니다.

관심을 유도할 때는?

견주의 팔이나 발에 앞다리를 올리는

38

좋아하는 사람에게는 바로 배를 보여요

좋아하는 사람에게는 약점인 배를 보여 줍니다. 배를 보이면 견주가 좋아한다는 걸 기억하고 반복하는 반려견도 있습니다!

얼굴이나 입을 계속 핥아요

어미 개에게 먹이를 조르거나 응석을 부리던 강아지 시절의 버릇입니다. 귀여운 행동이지만 감염의 위험이 있으므로 접촉은 적당히.

발을 얹는 이유는 관심이 필요해서

견주가 다른 것에 열중해서 자기에게 관심이 없으면 '좀 더 봐 줘!' 라며 발을 올리며 응석부립니다.

이유는 자기를 봐달라고 할 때입니다. 핸드폰을 열심히 하고 있으면 '쓰다듬어 줘!', '놀아줘!' 라고 응석 부립니다.

견주가 앉았던 장소나 옷 위에서 자는 이유는 좋아하는 사람의 온기나 냄새에 안도감을 느끼기 때문입니다. 그중 가장 좋아하는 장소는 견주의 무릎 위입니다. ==외로움을 잘 타는 개를 집에 두고 나와야 한다면, 체취가 묻은 옷이나 담요를 옆에 놓아 주면 안심하고 쉽게 진정할 것입니다.==

멍! 포인트
애정 표현을 알아차렸다면, 웃으면서 개의 마음에 응답하자!

개가 나를 좋아한다고 느낄 때는 언제?

매일 집에 돌아와서 너무 기뻐!

개가 나를 너무 좋아하고 사랑한다고 느낄 때는 언제인가요? 견주 100명에게 설문조사를 했더니, '내가 집에 돌아오면 너무 좋아한다' 라는 대답이 가장 많았습니다. 귀가하면 현관까지 달려서 마중 나온다, 기뻐서 꼬리를 살랑살랑 흔든다, 문을 열기 전부터 기다리고 있다는 등 견주를 환영하는 모습을 보고 반려견이 주는 사랑을 실감한다는 사람이 많았습니다.

'귀가 1시간 전부터 현관 방향을 보고 기다린다' 라며 견주를 기다리는 모습을 다른 가족들에게 들으면, 가슴이 벅차오를 만큼 사랑스럽습니다.

이어서 많았던 대답은 '항상 옆에 있다'였습니다. 개는 무리로 생활하는 습성 때문에, 신뢰하고 안심할 수 있는 사람 옆에 있으려 합니다. 한 실험에서 견주가 편안한 상태면 개가 견주를 보는 횟수가 줄어들고, 안심하고 쉬는 모습을 확인했습니다. 반면 견주가 스트레스를 받은 상태라면, 견주를 보는 횟수가 늘어나고 잘

우울하면 옆을 떠나지 않아요

우울할 때나 몸이 좋지 않을 때 개가 곁에 있는 이유는 견주의 기분을 민감하게 살피고 있기 때문입니다.

집에 돌아오면 매번 너무 기뻐해요!

반짝반짝 웃는 얼굴을 하고 퇴근을 반기는 반려견. 그 모습을 보고 싶어서 퇴근을 서두르는 분들도 많지요?

부드러운 눈길로 이쪽을 바라보아요

개가 부드러운 표정으로 견주를 보는 것도 애정 표현 중 하나. 이름을 부르거나 미소를 짓는 등, 개의 감정에 대답합시다.

쉬지 않는다는 결과가 있었습니다. 이 실험을 통해 개는 견주의 심리 상태를 민감하게 관찰하고 그 감정을 공감한다는 사실을 알 수 있었습니다.

우울할 때나 몸이 좋지 않을 때 개가 옆에 있어 주는 이유는 사람과 공감하기 때문입니다. 옆에 있어 주기만 해도 충분한데 마음도 읽어주는 그 모습 덕분에 참 행복합니다. 이 밖에도 '얼굴을 핥는다', '몸을 붙인다'와 같은 개의 애정 표현을 눈치 챈 대답이 많았습니다.

멍! 포인트

견주도 반려견에게 애정을 전달합시다!

서로 바라보면
사람도 개도 행복해져요!

서로 마주 보면 더욱 돈독해져요

개를 쓰다듬거나 바라보면 마음이 부드러워지고 행복한 기분이 됩니다. 이때 개도 평안함과 행복함을 느낀다는 사실을 알고 있나요? 원래 개들 사이에서 상대방이 눈을 똑바로 응시하면 위협의 사인입니다. 그런데 좋아하는 견주라면 예외입니다. 서로 바라보면 '행복 호르몬'이라 불리는 옥시토신이 분비됩니다.

이 호르몬으로 행복함과 평안함을 느끼게 해 온화해지며, 상대방에 대한 애착이나 신뢰가 깊어집니다. 그래서 양호한 관계를 구축할 때는 빠질 수 없는 물질입니다. 원래 아기가 아빠 엄마와 스킨십을 하면 호르몬이 서로 분비되어 사이가 돈독해진다 하여 주목받았습니다. 그런데 사람끼리만 그런 것이 아니라 사람과 개 사이에서도 같은 효과가 있습니다.

행복 호르몬을 늘립시다

옥시토신을 늘리는 방법은 반려견과 서로 바라보고 몸을 쓰다듬는 것입니다. 눈을 맞추면서 스킨십 하는 것만으로 개

무리해서 눈을 맞추는 건 효과가 없어요

눈 맞춤의 효과는 시선이 자연스럽게 마주쳤을 때만 나타납니다. 반려견의 얼굴을 일부러 나를 향해 돌리면 효과가 없습니다.

와 견주, 모두에게 옥시토신이 분비됩니다.

단, 개를 불러서 손으로 얼굴을 누르는 등, 부자연스러운 상태에서는 옥시토신이 증가하지 않습니다. 개와 자연스럽게 눈이 맞았을 때가 좋은 기회입니다! 스킨십을 시작하고 나서 10분이 지나야 옥시토신이 분비됩니다. 그러니 바쁜 날에도 반려견과 접촉하는 시간을 10분만 확보해서 애정과 유대를 깊게 다져 봅시다.

멍! 포인트
자연스럽게 눈이 맞았을 때를 놓치지 말고, 지금보다 더 행복해집시다!

코를 핥는 이유는 스트레스 사인!

개도 필사적으로 참고 있다?

개의 스트레스 사인은 크게 '스스로를 진정시키기 위한 행동'과 '상대방을 달래기 위한 행동', 이렇게 두 가지 타입으로 나눌 수 있습니다. 먼저 '스스로를 진정시키기 위한 행동'을 보여주는 스트레스 사인부터 소개하겠습니다.

발톱 손질, 귀 청소, 병원 진찰 등 개는 싫어하는 것을 참고 견딜 때 자기 코를 핥고, 입을 우물거립니다. 긴장이나 불안을 느끼고 있는 자신을 달래는 행동입니다.

불편한 상황에서 해방되면 물에 젖은 것도 아닌데 몸을 부들부들 떨거나 목덜미를 긁기도 합니다. 이렇게 스트레스로 긴장해서 굳은 몸과 마음을 리셋합니다.

불안할 때는 시선을 돌린다

졸리지도 않은데 하품을 반복하고 견주나 다른 개에게서 얼굴을 돌리며 시선을 피하는 것은 '상대방을 달래기 위한 행동'을 보여주는 사인입니다.

교육을 장시간 하거나 훈육 시에 하는

하품도 스트레스 사인 중 하나

스트레스를 느끼면 본인이나 상대를 달래려
고 계속 하품합니다.

코를 핥거나 입을 우물거려요

불편한 상황에서 긴장과 불안을 느끼는 본
인을 진정시키려고 하는 행동입니다.

긴장이나 불안에서
호흡이 가빠지기도…

덥지도 않은데 호흡이 가빠진다면 스트레스
때문일지도 모릅니다.

하품은 불안함과 당혹감에서 '이제 그만
해', '진정해'라고 호소하는 행동입니다.
이렇듯 하품에는 상대방과 자신, 둘 다
달래는 의미가 있으며 병원이나 발톱 손
질 등 개가 불편해 하는 상황에서도 자주
볼 수 있습니다.

상대방에게서 얼굴을 돌리거나 시선
을 피하는 행동은 지금 상황에 불안함과
긴장을 느끼고, 다툼을 피하고 싶다는 사
인입니다. 귀가 뒤로 넘어갔다면 훨씬 공
포를 느끼고 있다는 신호이니 더 이상 교
육하는 건 좋지 않습니다.

멍! 포인트
**몸을 부들부들 떨고, 목덜미를 긁거나
코를 핥는 것은 스트레스 사인!**

개는 의외로
매우 예민한 동물?

가족들이 싸우는 건 싫어…

갑자기 큰소리가 나면 자기도 모르게 표정이 굳어 경계 태세를 하는 등 개는 조금의 자극과 변화에도 스트레스를 느낍니다. 이러한 섬세함은 감각이 예민하다는 증거이기도 합니다.

이때 우선 신경 써야 하는 부분은 견주의 태도입니다.

무리 생활을 했던 개는 분위기를 잘 읽습니다. 그래서 견주의 음색이나 분위기가 평소랑 다르다는 것을 민감하게 알아챕니다. 또한 사람이 심각한 표정으로 싸우면 개는 불안을 느끼기 때문에 개 앞에서는 싸우지 않아야 합니다. 한숨만 쉬어도 걱정해서 달려오는 개도 있습니다.

이사, 또는 가족(사람이나 동물)이 더 생기는 등의 환경 변화는 개에게도 자신의 거처나 위치가 갑자기 변하는 일이라 당황스럽습니다. 새로운 환경에 빨리 적응할 수 있도록 익숙한 침대나 장난감을 새집에 가져갑시다. 새로 사야 한다면, 개가 새로운 집에 익숙해진 뒤로 미룹시다. 가족이 새로 생겨도, 개는 이들에게

가족들끼리 싸우는 모습을 반려견에게 보여주지 않기!

견주의 불쾌한 태도나 가족 간의 불편한 분위기는 개를 불안하게 합니다.

큰소리나 너무 밝은 조명은 수면에 방해가…

텔레비전을 큰소리로 듣거나, 한밤중인데 너무 밝게 지내면 개의 수면을 방해합니다. 밤에는 살짝 어둡고 조용한 환경을 준비합시다.

아기나 새로 들어온 반려견을 질투해요

가족들이 아기나 새로 들어온 반려견, 고양이에게만 관심을 가지면 자신이 받아야 할 애정을 빼앗겼다고 생각해 질투합니다.

견주의 애정을 빼앗겼다고 생각해 질투심을 느낄 수 있으니 적극적으로 스킨십을 해서 안심시켜 주세요.

놀이가 부족해서 화가 나!

산책이나 놀이 시간이 짧으면 운동량이 부족해 화를 잘 냅니다. 남아도는 체력을 발산하려고 장난이 늘어납니다. 그러니 개가 만족할 때까지 운동을 시켜 행동 욕구를 채워 주는 것이 중요합니다.

수면을 방해하는 큰소리나 너무 밝은 조명, 또는 먹던 사료를 갑자기 바꾸면 배가 약한 개는 스트레스를 받습니다. 취침할 때는 조용한 환경을 조성하고, 음식은 열흘 정도 시간을 들여 조금씩 바꿉시다.

멍! 포인트

가족이 싸우는 모습을 보면 불안해합니다! 평화가 가장 좋습니다.

산책을 못 가는 날은 실내 놀이로 대신하면 기분이 상쾌해!

후각을 사용해 놀자!

날씨가 좋지 않은 날에는 실내 놀이로 반려견과 즐거운 시간을 보내봅시다. ==후각을 사용한 놀이는 개의 뇌를 자극하고 산책과는 다른 피로감을 선사해 만족합니다.==

도구를 사용하지 않는 간단한 놀이를 소개하겠습니다.

손에 숨긴 간식이나 음식을 후각만으로 맞추는 게임입니다. 두 손 중 아무 곳에 간식을 숨기고 양손을 개 앞에 내밀어

간식이 든 손을 맞추게 하는 놀이입니다. 간식을 쥔 손에 집중하고 찾고 있을 때 손바닥을 보여주고 간식을 줍시다. 개가 찾지 못하고 당황하고 있다면 간식이 있는 손의 힘을 풀어 쉽게 발견할 수 있도록 도와줍니다.

수건으로 간단한 스트레칭

시중에 판매하는 노즈 워크 매트는 후각을 사용하는 전용 놀이 도구입니다. 꽃이나 동물 모양, 색이 화려한 타입 등 종류가 아주 많으니 마음에 드는 한 장을

실내에서는 바깥처럼 자유롭게 달릴 수 없습니다. 대신에 수건을 통나무 모양으로 말아 간이 운동장을 만들어서 운동 부족을 해소해 줍시다.

종이컵으로 보물찾기

종이컵을 2~3개 정도 늘어놓고 그 안에 간식을 랜덤으로 숨겨 개의 탐구심을 자극해 봅시다. 종이컵의 개수가 많아질수록 난이도도 올라갑니다.

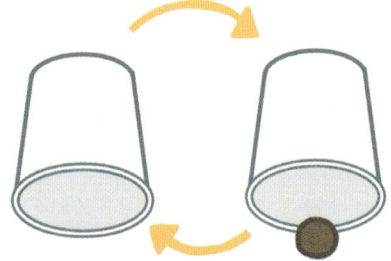

찾는 것을 추천합니다. 특별한 도구가 없어도 집에 있는 수건 4~5장을 산처럼 쌓아두고 그 안에 간식을 숨겨두면 간단한 놀이 장소로 변신합니다. 또한 수건을 둥글게 말아 거실에 놓기만 해도 간단한 운동 시설이 완성됩니다. 수건 위를 올라가게 해서 운동 부족을 해결합시다. 수건의 크기나 간격은 개에 맞춰 무리하지 않는 범위에서 조절합시다.

종이컵을 사용해서 보물찾기도 가능합니다. 두 개의 종이컵 중, 한쪽에 간식을 넣어서 개 앞에서 섞어 봅시다. 그러면 호기심이 생겨 열심히 간식을 찾을 것입니다.

멍! 포인트
산책을 못 나가서 받은 스트레스를
실내 놀이로 발산!

요즘 개는 추위에 약해!

개도 겨울에는 추워요!

개는 추위에 강하다는 이미지가 있습니다. 그러나 요즘처럼 실내 온도를 관리할 수 있는 방에서 기르는 것이 주류가 되자 체온 조절을 잘 못해 추위를 타는 개가 늘었습니다.

몸을 덜덜 떨거나 웅크리고 이불 속에서 사람에게 몸을 붙여 따뜻함을 찾는 행동을 보인다면, 추위를 타고 있다는 신호입니다. 웅크린 모습은 휴식할 때나 평소에도 잘 볼 수 있는 모습이지만, 꼬리로 얼굴을 감추듯이 가만히 웅크린 자세는 체온을 유지하려는 행동입니다. 이럴 때는 겨울용 침구로 바꿔주거나 담요를 덮어주는 등 보온을 신경 써 줍시다.

견주의 무릎 위에 앉는 시간이나 담요 안에 들어가는 날이 늘었을 때도 주의해야 합니다. 개는 사람보다 바닥에 붙어 있어서 차가운 공기를 쉽게 느낍니다. 침대 아래 매트나 보온 시트를 깔아 바닥의 냉기를 없애고 따뜻하게 해 줍시다.

개의 침대를
따뜻하게 해 주세요

침대를 따뜻한 소재로 바꾸거나 담요를 더 깔아서 보온성을 높여 줍시다.

몸을 둥글게 말고
움직이지 않아요

추우면 체온을 유지하려고 몸을 작게 웅크리며, 꼬리로 얼굴을 감추고 배를 위로 보이지 않습니다.

따뜻한 식사로
몸속을 따뜻하게

추운 날에는 따뜻한 물이나 닭고기 삶은 물 등을 음식에 넣어 주면 먹기 쉽고 몸도 따뜻해지니 추천합니다!

토이푸들이나 치와와는
추위에 약해요

싱글 코트나 단모종, 더운 지역이 고향인 견종은 원래 추위에 약한 타입입니다.

추위에 약한 견종은?

추위를 타는 정도는 사육 환경뿐 아니라 나이의 영향도 있습니다. 강아지나 노령견은 체온 조절이 원래 어렵습니다. 프렌치불독 등의 단모종이나 토이푸들 같은 싱글 코트(겹이 없는 털)인 개나, 치와와처럼 소형견도 추위를 잘 탑니다.

원래는 추위를 타지 않았지만 1년 사이에 갑자기 변할 수도 있습니다. '우리 집 개는 추위에 강하다'라고 단정하지 말고, 개의 반응을 매년 확인해야 합니다. 산책을 싫어한다면 방한용 옷을 입혀서 추위를 막아 줍시다.

멍! 포인트

차가운 공기는 바닥에 가라앉아 있습니다. 추위를 막으려면, 반려견의 시선으로 확인합시다!

Part
1
개의 감정

갑자기
몸을 비비는 이유는?

썩은 생선에도 몸을 비빈다?

개는 소파나 침대에 몸을 마구 비비기
도 합니다. 모래사장 위에 떨어져 있는 썩
어 문드러진 생선에 등을 붙이려는 바람
에 견주가 비명을 지르기도 하지요!

이러한 행위는 주로 네 가지 이유가 있
습니다.

첫 번째는 자기 냄새를 되찾기 위해서
입니다. 개는 목욕 후에 샴푸 냄새로 자
기 냄새가 옅어지면 어색해 합니다. 그래
서 그 향을 지우고 자기 냄새를 되찾고

싶어 합니다.

두 번째는 첫 번째와 정반대 이유로,
자기 냄새를 지우기 위해서입니다. 야생
의 개는 사냥감의 배설물이나 죽은 고기
위에 일부러 등을 붙이고 굴러서 자기 몸
에 사냥감의 냄새를 일부러 묻힙니다. 이
는 상대에게 자기 존재를 숨기는 위장술
입니다.

요즘은 직접 사냥할 필요는 없어졌지
만 그 흔적이 여전히 남아 있는 것입니
다. 게다가 썩은 고기를 먹는 동물이어서
마른 지렁이를 보면, 바로 달려가 몸을

지렁이 위에서 딩굴딩굴!?

지렁이나 썩은 생선을 발견하면, 자기 몸에 냄새를 묻히려는 반려견도 있는데, 이는 야생의 흔적입니다.

샴푸 향기는 어쩐지 별로야…

자기 냄새가 샴푸 향기에 옅어지면 어색해합니다.

만족감을 온몸으로 표현

밥이나 산책에 만족하면 침대 등에 몸을 비벼서 만족감을 표현합니다.

간식에 이름을 쓰는 것

간식이나 장난감을 목뒤에 끼우고 뒹구는 행동은 자기 냄새로 이름을 쓰는 것입니다.

비비는 개도 있을 정도입니다. 개의 이 행동을 막으려면 견주가 먼저 지렁이나 생선을 발견해야 합니다.

세 번째는 자기 냄새를 묻히기 위해서입니다. 새로운 장난감을 주면 놀기 전에 자기 머리나 등 아래에 두고 문지르는 경우가 있지 않았나요?

이는 '이건 내 거야!' 라고 표시하는 것과 같은 의미입니다.

네 번째는 만족감에서 오는 행동입니다. '맛있었어', '즐거웠어' 라고 만족하면, 기분이 좋아 거실이나 쿠션에 몸을 비비면서 쉴 장소를 찾습니다.

멍! 포인트

개가 몸을 비비는 이유를 정확하게 알면 좋습니다!

개도 텔레비전을 보면 즐겁다?

화면이 궁금해?

텔레비전에 비친 개를 보고 짖거나 특정 방송이 나오면 반드시 텔레비전 앞에 앉는 등 의외로 텔레비전에 관심을 보이는 개는 많습니다.

그런데 우리가 보는 텔레비전 영상과 개가 보고 있는 영상은 약간 다릅니다.

특히 개는 동체 시력이 뛰어나서 옛날 텔레비전은 정지 화면이 고속으로 바뀌는 것처럼 보였다고 합니다.

그런데 요즘 텔레비전은 화면 변화 속도가 빨라서 개도 우리가 보는 영상과 거의 같은 상태로 볼 수 있습니다. 전보다 텔레비전에 흥미를 보이는 개가 늘었다는 보고도 있을 정도입니다.

한편 사람과 개가 보는 방식에서 여전히 다른 점은 색입니다. 우리 눈은 색을 감지하는 세 종류의 추상 세포가 있고, 그 조합에 따라 다양한 색을 볼 수 있습니다. 반면 개의 눈에는 추상 세포가 두 종류뿐이라, 사람이 보는 것보다 인식할 수 있는 색의 수가 훨씬 적습니다.

따라서 개가 인식할 수 있는 기본색은

텔레비전 속의 개를 보고 화를 내기도!

텔레비전에 비친 개에게 짖거나 텔레비전 뒤로 가 찾는 듯 한 행동을 보이기도 합니다.

색을 보는 방법이 달라요

개가 인식할 수 있는 색은 황색과 청색, 그 중간색뿐입니다.

칭찬 때문에 버릇이 되었다?

우연히 텔레비전 방향을 보고 있다가 견주에게 칭찬받아 기뻤던 경험이 있다면, 텔레비전을 보게 되기도 합니다.

청색, 황색, 회색, 이렇게 세 가지 색입니다. 보라색이나 청색은 옅은 청색~밝은 청색, 청록색은 회색, 녹색은 황색, 오렌지색은 옅은 노란색~갈색에 가까운 빛바랜 황색, 붉은색은 옅은 회색으로 보입니다. 사람보다 훨씬 빛바랜 동영상을 보고 있는 셈입니다.

참고로 움직이는 것을 쫓는 사냥개의 습성이 남아 있어 텔레비전에 유난히 관심을 보이는 견종도 있습니다. 테리어 계열과 목양견은 끊임없이 변하는 텔레비전 화면에 자극을 받아 눈으로 쫓으며 쉽게 몰입합니다.

멍! 포인트
같은 동영상을 보고 있어도, 빛바랜 색으로 보입니다.

왜 화장실 앞에서 기다릴까?

한시도 떨어지고 싶지 않아서?

목욕 중, 문 앞에서 반려견이 기다리고 있던 경험이 있지 않나요? 아주 짧은 시간이라도 떨어지고 싶지 않다고 생각하고 있을까요? 대표적인 이유 세 가지를 소개하겠습니다.

첫 번째는 <mark>좋아하는 견주를 리더로 신뢰하고 있는</mark> 경우입니다. 항상 곁에 있고 싶어 욕실까지 따라 들어옵니다. 이때 견주가 칭찬하거나 기뻐하며 좋은 반응을 보이면, 반려견도 기뻐서 매번 기다리게 됩니다.

욕실에서 기다리는 행동이 습관이 되면 그 장소에서 자거나 견주가 욕실에 들어갈 준비를 시작하면 개가 먼저 욕실로 향하기도 합니다.

두 번째는 <mark>단순한 호기심</mark>입니다. 뭐든지 자기가 확인하고 싶은 호기심이 왕성한 개는 견주의 행동 하나하나에 관심을 가집니다.

특히 욕실이나 화장실 등 평소에 들어가지 못하는 장소는 더더욱 관심이 많습니다! 안의 상황을 보려고 코끝이나 앞발

단순한 호기심

'문 뒤에서 뭐 하는 거야?' 라며 궁금해 합니다! 참지 못해서 코나 앞발을 사용해 열기도 합니다!

견주가 너무 좋아서

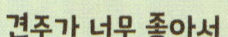

'빨리 나와줬으면', '여기에서 기다릴게' 라고 어필 중입니다.

심각하게 불안해한다면, 분리불안증일지도…

'가지 마, 외로워…' 흥분이 가라앉지 않고 계속 짖는다면 주의하기.

을 사용해 문을 여는 대담한 개도 있습니다. 막상 한 번 확인하고는 만족했다며 방으로 돌아가기도 합니다.

세 번째는 기다리는 것을 즐기고 있거나, 반대로 견주의 모습이 보이지 않으면 ==극단적으로 불안함을 느끼는 '분리불안증'==입니다. ==목욕 중에 문을 긁거나 계속 짖는 등 흥분이 가라앉지 않는 개는 주의==가 필요합니다. 이 경우는 평소에 혼자 있는 상황에 익숙해지도록 합시다. 같은 방에서 서로 다른 일을 하며 지낼 수 있도록 교육용 장난감이나 껌을 활용해서 혼자 노는 연습을 시켜 줍시다.

멍! 포인트

기다리는 모습은 귀엽지만, 극단적으로 짖는다면 분리불안 증상일지도!

일부러 좁은 장소에서 자는 이유는?

개가 안심할 수 있는 좁은 장소

'왜 그런 장소에서 자는 거야?'라고 놀랄 수 있지만, 책상이나 의자 아래, 침대와 벽 사이 등 개는 일부러 좁은 곳에서 자는 것을 좋아합니다.

이는 개가 야생에서 살던 시절, 굴에서 잠을 자던 흔적입니다. 자기 몸이 겨우 들어갈 듯한 좁고 어두운 공간에서 훨씬 안정감을 느끼기 때문입니다. 그래서 반려견 이동장(이동용 집)은 반려견보다 몇 배나 클 필요는 없고 개가 섰을 때, 별 탈

없이 방향 전환할 수 있을 정도의 크기를 선택합시다. 조명이 직접 닿지 않는 책상 아래나 벽 사이를 선호하거나 소파에 앉은 견주와 등받이 사이에 몸을 비집고 들어가려는 개도 있습니다. 몸을 어디엔가 기대고 있으면 더 편안하고 안심되기 때문입니다.

피난 장소도 된다?

목욕이나 귀 청소 등 싫어하는 일에서 도망치고 싶을 때, 천둥이나 불꽃놀이처럼 큰소리를 경계할 때도 개는 자기 몸을

반려견 이동장은 너무 작아도 커도 안 돼요!

반려견 이동장이 너무 커도 안정감을 느끼지 못합니다. 서 있는 채로도 방향 전환이 잘 될 정도의 크기면 충분합니다.

좁고 어두운 장소가 안심되고 좋아

야생에서 지낼 때는 굴에서 잠을 잤습니다. 그래서 좁고 어두운 장소를 좋아합니다. 견주와 등받이 사이에 들어가는 것을 좋아하는 개도 있습니다!

치매에 걸리면 뒷걸음질을 못한다?

개는 치매에 걸리면 뒷걸음질을 잘 못합니다. 그래서 틈새에 끼면 자력으로 탈출할 수 없습니다. 쿠션 등으로 틈을 메우는 등 미리 예방해야 합니다.

지키려고 좁은 장소에 숨습니다. 무리하게 꺼내려고 다리를 잡아당기면 관절을 다칠 수 있으니 주의합시다. 나오길 바란다면 그대로 지켜보거나 간식으로 불러봅시다.

또한 개는 치매에 걸리면 뒷걸음질이 어려워집니다. 그래서 벽 사이에 끼면 자력으로 나올 수 없기도 합니다. 노령견이 있는 집은 개가 들어갈 만한 폭의 틈새가 있다면, 안전하게 막아 둡시다.

멍! 포인트
개는 좁고 어두운 장소에서 훨씬 안정을 느끼며 쉴 수 있습니다.

내버려두길
바랄 때도 있어요

이럴 때는 그냥 둬 주세요

반려견과의 스킨십은 중요하지만, 내버려두는 것이 훨씬 좋은 때도 있습니다.

평소 생활에서 신경 써야 할 때는 산책이나 식사 후입니다.

체력 회복과 소화에 에너지를 사용하므로 몸이 쉴 수 있는 시간이 필요합니다.

특히 식후에는 바로 안정을 취하도록 합시다. 강도 높은 운동은 위염전(위꼬임)(P190 참조)이 발생할 위험이 큽니다. 산책이나 식사 후에도 흥분이 가라앉지 않아 계속 들떠 있는 개도 있지만, 어느 순간 곯아떨어지듯 잠들기 때문에 적당히 놀아주는 것이 좋습니다.

트리밍이나 장시간 외출 등 비일상적인 이벤트는 개에게 자극적이고 즐거운 시간이기도 하지만, 평소보다 흥분하기 쉽고 체력을 소모합니다. 개는 하루에 절반 이상 잠을 잡니다. 집에 도착하자마자 갑자기 벌러덩 누워 버리는 반려견의 모습이 떠오르는 분들도 있지 않나요? 조용한 환경을 만들어 충분히 쉴 수 있게 해 주세요.

산책에서 돌아온 뒤에는 '일단 쉬기'

산책에서 돌아왔다면 체력 회복을 위해 쉬게 합시다. 흥분을 가라앉히지 못하고 돌아다니는 개도 시간이 지나면 꾸벅꾸벅 졸기 시작합니다.

식후 격한 운동은 금물!

식후 곧바로 뛰거나 점프하면 위염이 발생할 위험이 크니 피합시다.

개도 내키지 않을 때가 있다

혼자만의 시간을 갖고 싶은 건 사람이나 개나 똑같습니다. 스킨십을 거부할 때는 강요하지 말고 그대로 지켜봅시다.

트리밍 후에는 피곤해요!

트리밍이나 장시간 외출 후에는 개도 피곤합니다. 조용히 쉴 수 있는 환경을 만들어 천천히 쉬게 해 주세요.

스킨십을 무리하게 강요하지 않기

발톱 손질이나 칫솔질 등 개가 싫어하는 일을 한 후, 보상으로 기분을 풀어 주려고 필요 이상으로 건드리는 것은 역효과. 또 무슨 일을 당할지 몰라…라며 경계할 수 있습니다. 보상으로 간식을 주었다면 그냥 두는 편이 가장 좋습니다. 자리를 뜨고 관심이 없는 태도를 보여 주면 개도 드디어 안심합니다.

말을 걸어도 무시하거나, 쓰다듬으려 했더니 도망친다면 이럴 때는 혼자만의 시간을 줄 타이밍입니다. 거리를 두면서 어디 아픈 곳은 없는지 반려견의 상태를 지켜봅시다.

멍! 포인트

반려견이 지쳤거나, 내키지 않아 할 때는 거리를 둡시다.

외출 전, 개에게 말을 건다 or 조용히 나간다?

말을 걸어 주면 안심하기도!

일반적으로 '외출 시에는 개가 알아차리지 못하도록 조용히 나가는 것이 좋다' 라고 합니다. 하지만 견주가 조용히 나가는 것보다 말을 걸어 주는 편이 반려견이 혼자 집을 지킬 때 얌전히 있는 데 도움이 되기도 합니다.

평소에 문제없이 집에 잘 있는 개는 '견주는 나가도 반드시 돌아온다' 라는 것을 이해하고 있습니다. 그래서 '집에서 얌전히 기다려 줘서 항상 고마워' 라고 밝은 목소리로 말을 걸어 주면, 훨씬 안도감을 느낍니다. 혼자 두고 나가는데 양심의 가책을 느껴 '혼자 둬서 미안해, 집에서 기다려…' 라고 사과하면 견주의 슬퍼하는 표정과 목소리 톤에 불안을 느낍니다. 그러니 외출 전 말을 걸 때는 웃는 얼굴로 밝게 이야기합시다.

혼자 있기 어려워하는 개에게는 우선 30초나 1분 등 짧은 시간 동안 집에 혼자 있는 훈련을 여러 번 반복합니다. 반려견이 '견주는 반드시 돌아온다' 라는 사실을 기억하도록 긍정적인 경험을 만들어 줍

웃는 얼굴로 집을 부탁해요

집에 혼자서 잘 있는 개는 외출 전에 말을 걸어 주면 훨씬 얌전히 지낼 수 있습니다. 웃는 얼굴로 말을 건네 봅시다.

시다.

외출 전 산책을 하면 피곤해서 잘 잡니다. 간식을 숨긴 교육용 장난감으로 개의 신경을 돌리는 것도 좋은 방법입니다.

아무 말 없이 집에 혼자 둔다면 견주의 외출을 개가 알아차리지 못하도록 행동해야 합니다. 준비하는 순서가 매번 똑같으면 그 모습을 보고 '곧 혼자야' 라는 걸 눈치 채고 불안해 합니다. 그러니 외출 전에 똑같은 행동을 하면 안 됩니다. 열쇠를 들고 앉아서 텔레비전을 보거나, 실내복 차림으로 현관을 나가는 등 개에게 외출

을 들키지 않도록 합시다.

멍! 포인트

외출 전에는 반드시 웃는 얼굴로 말 걸기! 개를 안심시킵시다.

Part 1

개의 감정

개를 조수석에 태우면 위반!

조수석에서 안고 타는 건 금물!

차를 타고 외출할 때, 반려견을 어떠한 상태로 태우고 가나요? 견주의 무릎 위, 또는 안은 채 차에 타는 행위는 매우 위험합니다. 과거에는 운전에 방해가 된다는 이유에서 체포하기도 했습니다(우리나라의 경우 도로교통법 위반 행위입니다. 위반 시, 승용자동차 운전자:4만원, 이륜자동차 운전자:3만원의 범칙금이 부과됩니다. [출처] 대한민국 정책브리핑-역자).

개를 차 안에 자유롭게 두면 스트레스를 안 받을 것처럼 보이지만 사실은 반대입니다. 커브를 돌 때마다 몸이 흔들려 멀미를 잘해 피곤해 합니다. 급브레이크를 밟거나 사고가 발생했을 경우, 반려견이 앞 유리까지 날아가거나 에어백의 충격을 받는 등의 위험에 처할 수 있습니다. 또한 반려견이 운전석 아래로 떨어지면 운전자가 조작을 실수할 위험도 있습니다. 이처럼 개뿐만 아니라 사람에게도 위험이 많습니다.

개를 차에 태울 때는 반려견 이동장이나 드라이브 박스에 들어가게 한 후, 뒷좌

드라이브 박스로 반려견의 공간을 확보하기

반려견 이동장을 사용할 수 없다면 드라이브 박스를 사용해서 개전용 좌석을 확보합시다.

견주의 무릎 위, 안고 타는 것은 금물!

반려견을 견주의 무릎 위에 두거나, 안고 차에 태우는 행동은 매우 위험합니다.

석의 안전벨트로 고정해 낙하를 방지합시다.

드라이브 박스 안에서 개가 넘어지려하면 수건으로 틈새를 막아 줍시다. 그러면 안정을 찾습니다. 대형견은 드라이브 시트에 전용 공간을 확보해야 합니다.

밥은 승차 2시간 전에 끝내기

밥은 승차 시간 2시간 전까지 끝내야 안심할 수 있습니다. 배변은 차를 타기 전에 끝내고 출발 후에는 1~2시간에 한 번 화장실 휴식을 하는 것이 좋습니다.

반려견이 갑자기 뛰어나가지 않도록 차문을 열기 전에 반드시 리드 줄을 착용하고, 견주가 먼저 내려 안전을 확인한 후에 개를 차에서 내리게 합시다.

멍! 포인트

반려견을 자유로운 상태로 차에 태우는 것은 매우 위험한 행동이니 절대 해서는 안됩니다!

다섯 가지 타입으로 보는 반려견의 성격 진단

당신의 반려견은 어떤 타입?
반려견의 성격 타입에 맞는 견주의 접근 방법도 함께 소개합니다.

A 섬세파

겁이 많고 신중한 성격의 소유자. 처음 보는 사람이나 개, 낯선 장소에 쉽게 불편함을 느낍니다. ➡ 견주의 기분이나 표정에 매우 민감하니 항상 웃는 얼굴로 안심시켜 주세요.

B 애교파

항상 주목을 받고 싶어 하는 애교쟁이. 조르는 일이 일상 ➡ 요구를 다 들어주기 때문에 어쩌다 자기 생각대로 되지 않으면, 짖거나 깨무는 등 문제 행동으로 발전하기 쉽습니다. 대응 규칙을 정합시다.

C 내가 최고파

자립심이 강하고 고집이 세며, 자기 생각을 뚜렷하게 주장합니다. ➡ 우유부단한 태도로 대하면 자기 고집이 점점 강해집니다. 교육할 때는 단호한 태도를 보여야 합니다.

D 참견파

호기심이 왕성해서 산책이나 놀이를 좋아합니다. 궁금한 건 스스로 확인해야 풀립니다. ➡ 흥분하면 견주의 목소리가 들리지 않으니 폭주하기 전에 앉아! 등으로 진정시킵시다.

E 느긋파

마이페이스라 항상 느긋합니다. ➡ 집 밖의 특별한 장소가 아니어도 그때그때의 분위기를 느긋하게 즐깁니다. 옆에 앉아 함께 같은 시간을 공유합시다.

Part 2

개의 생태

알쏭달쏭한 행동의
이유를 알게 될지도?

'멍멍'이 아니라
'아우아우'라고 우는 이유는?

짖는다=운다

개가 '아우~우우…'라며 말하듯이 울 때가 있습니다. 개는 자기 의견을 확실히 전달할 때는 짖고, 당황하거나 상대의 반응을 살피면서 조심스레 의사 표현을 할 때는 우는 경우가 많습니다.

예를 들어 몸을 앞으로 숙이고 생각이 많은 표정으로 으르렁거리며 짖으면 이는 위협 또는 분노의 사인입니다. 자신감 없이 뒤로 귀를 젖히고 절박한 모습으로 끊임없이 짖는다면 이는 공포심을 나타

내는 것입니다. '멍!'이라고 짧게 한 번만 짖으면 산책 중에 본 개에게 자신의 존재를 알리고 싶다거나 상대방과 놀자는 표현에서 하는 소리입니다.

한편 견주가 혼내는 목소리에 '아우아우' 하고 우는 것은 화낸 모습에 스트레스를 받아 '그만해! 듣고 싶지 않아'라고 주장하는 행동입니다.

발톱 손질이나 병원 진찰대 등 불편한 일을 해야 할 때도 울고 저항하면서 자기도 모르게 필사적으로 '아우아우'라고 우는 소리를 내기도 합니다.

'우는 소리'로 혼내는 목소리를 지워요

훈육 중에 개가 '아우아우' 라고 우는 이유는 그만 혼나고 싶어! 라고 견주의 목소리를 지우려고 하는 행동입니다.

칭찬하기에 따라 우는 소리가 재주가 되기도!

우연히 말하는 것처럼 울었을 때 칭찬을 받은 개는 그것을 기억하고 반복하기도 합니다.

불만이 있는 듯 우는 소리는 자기를 봐 달라는 신호

간식을 조르거나 놀아 달라고 할 때 애교를 부리는 듯한 목소리나 불만 가득한 모습으로 웁니다.

밥을 달라고 조르거나 놀아주지 않으면 '꾸웅…'이라는 소리를 내고 응석이나 요구가 담긴 불만스러운 목소리로 표현합니다. 처음에는 조심스럽지만 기다리다 지치면 강하게 '멍!' 하고 짖으며 호소하기도 합니다.

우연히 낸 소리로 칭찬받은 기억이 있다면 이후에도 견주에게 말을 걸듯 '아우!' 하고 울며 보상을 기대하는 행동을 보이기도 합니다. 이렇게 울음소리를 재주처럼 쓰는 개도 있습니다.

멍! 포인트

반려견의 우는 소리를 듣고 무슨 말을 하고 싶은지 상상해 봅시다.

집 안에서 땅을 파는 동작을 하는 이유는?

잠들기 전에 파는 이유

개는 마치 땅굴을 파는 것처럼 침대나 소파 위에서 필사적으로 파는 행동을 합니다. 야생에서 지낼 때 개는 스스로 소굴을 파서 잠자리나 음식 저장 장소로 사용했습니다. 그 습성이 지금도 이어지고 있는 것입니다.

밤에 흔히 볼 수 있는 모습은 침대를 파는 행동입니다. 잠자리를 정리하려고 열심히 파 보지만 땅에서처럼 구멍이 생기지 않습니다. 모처럼 열심히 판 장소에서 조금 떨어진 장소에서 자기도 하는데 이런 엉성한 모습조차 사랑스럽고 재미있습니다.

간식을 주면 이동장 안에서도 파는 행동을 하는데 이는 남겨둔 간식을 나중에 먹으려고 하는 행동입니다. 허술하게 감추다 보니 훤히 드러난 곳에 묻어 두는 경우도 있습니다. 그런데도 본인은 비밀 장소에 잘 숨겼다고 만족하기도 합니다. 또한 '재미있는 게 나올지 몰라?' 라며 놀이나 장난삼아 소파나 쿠션을 파기도 합니다. 이는 사냥물을 쫓아서 굴을 파던 시절

놀이나 심심풀이로 파기

구멍을 파면 재미있는 게 나올지도 몰라! 하고 호기심에서 파는 개도 있습니다. 세탁물을 잘 노리니 조심하세요!

잠들기 전 잠자리 만들기

밤에 침대를 파는 행동은 잠자리를 정리하는 습성에서 나온 것입니다.

과도한 땅파기는 스트레스 때문일지도!

하루에도 몇 번이나 굴을 파는 등 이 행동을 끈질기게 반복한다면 스트레스를 해소하려는 행동일 가능성이 있습니다. 반려견과 커뮤니케이션을 다시 해 봅시다.

의 흔적입니다. 방금 걷은 세탁물이 놀이 대상이 되기 쉬우니 주의합시다. 빨래가 무너지는 모습을 즐기는 걸 좋아하는 개도 있습니다.

끈질기게 굴을 판다면 주의!

아무것도 없는데 계속 굴을 파는 행동을 한다면, 스트레스가 원인일지 모릅니다. 이 행동은 본인을 진정시키는 행동인 카밍 시그널(Calming Signals) 중 하나로 긴장이나 불안, 참기 등 개가 스트레스를 받을 때 보이는 행동입니다. 스킨십은 충

분한지 스트레스를 주는 원인은 없는지 잘 살펴봅시다.

멍! 포인트

반려견이 땅을 파는 모습은 귀엽습니다. 하지만 스트레스일 수 있으니 주의하기!

같은 장소를 빙글빙글 도는 이유는?

기쁜 일이 있으면 빙글빙글

개는 갑자기 한 장소를 빙글빙글 계속 돌기도 합니다. 이럴 때 잘 보면 어떤 특정 상황에서 이 행동을 한다는 것을 알 수 있습니다.

우선 기뻐서 흥분했을 때, 견주가 밥이나 산책을 준비하거나 가족이 돌아왔을 때, 혹은 기대하던 일이 이루어지는 순간 즐거운 마음을 감추지 못하고 빙글빙글 돕니다.

이 행동을 격하게 반복하는 사이 즐거운 감정은 잊은 채 그냥 흥분 상태가 되기도 합니다. 이때는 '앉아'나 '엎드려!' 같은 지시어로 진정시키는 것이 효과적입니다.

배설하기 직전에도 돌면서 지면을 밟아서 발밑이나 주변이 안전한지 확인합니다. 배설 중에는 무방비한 상태가 되므로 사람이 지나가거나 큰소리가 나면 갑자기 배설을 멈추는 개도 많으니 주의합시다. 잠들기 전에 침대를 파는 행동을 한 후에는 빙글빙글 돌며 고르게 다집니다. 이는 잠자리 정리를 끝냈다는 뜻입니다.

잠자리를 정리할 때도 빙글빙글

침대를 파고 난 후 빙글빙글 돌며 잠자리를 다듬었다면, 가장 편한 곳을 찾아 기분 좋게 잠을 청합니다.

흥분하면 돌면서 기뻐해요!

밥이나 산책, 견주의 귀가 등 개는 기다렸던 일이 발생하면 기뻐서 빙글빙글 돕니다!

꼬리에 집착하며 돌 때는 주의

자기 꼬리를 깨물려고 필사적으로 돌면서 쫓는 행동은 스트레스가 원인일 경우도 있습니다.

스트레스나 병일지도!

집요할 정도로 자기 꼬리를 쫓거나 빙글빙글 돈다면 스트레스를 의심할 수 있습니다.

운동이나 스킨십 부족, 이사, 소음 등 스트레스 때문은 아닌지 주변을 체크합시다. 이 밖에도 치매나 평형감각에 악영향을 끼치는 전정장애 등의 병이 원인일 수도 있습니다.

빙글빙글 도는 행동을 계속 반복한다면 개의 모습을 동영상으로 촬영해 수의사에게 보여주며 상담하면 훨씬 원인을 알기 쉽습니다.

> **멍! 포인트**
> 기뻐서! 스트레스로! 빙글빙글 도는 이유는 다양합니다.

Part
2
개의 생태

우리 집 반려견은
개의 본능을 잊었을까?

수면과 식사에 흥미가 없어요

사람과 너무 오래 지낸 개일수록 본능을 잃어버렸나?하고 의심되는 행동을 하기도 합니다.

예를 들어 턱을 위로 들고 쉬는 모습도 그중 하나입니다. 원래 개는 기본적으로 휴식할 때 턱을 지면에 붙입니다. 자는 동안 적이 습격해도 턱에 전해지는 진동으로 재빨리 알아차릴 수 있기 때문입니다. 턱은 주변의 움직임을 감지하는 중요한 센서 역할을 합니다.

또한 자연계에서는 규칙적으로 먹을 수 없어 먹이에 대한 집착이 강했습니다. 그래서 먹이가 눈앞에 있으면 남김없이 먹어 치우는 것이 본래의 모습입니다. 그런데 스스로 사냥하지 않아도 견주가 매일 먹이를 주는 상황에 익숙해지면 천천히 먹거나 밥 생각이 없으면 남기거나 다른 개에게 간식을 빼앗겨도 화를 내지 않는 등 먹는 행동에 위기감을 거의 느끼지 않는 개도 있습니다.

또한 개의 후각은 사람보다 천배~1억배 정도 뛰어나서 약간의 냄새도 감지할

음식에 대한 흥미가 없어요

음식을 준비하는 데도 얌전히 기다리고 있으며, 간식을 빼앗겨도 가만히 보기만 하는 등 먹을 것에 관심이 적은 개도 있습니다.

턱을 위로 들고 자요

원래는 수면 중에도 적의 공격을 대비해 턱을 지면에 붙이는 자세로 휴식하곤 했습니다. 그런데 이 모습은 경계심 제로네요.

수 있습니다. 그런데 가끔 앞에 있는 고양이를 못 보기도 합니다. 개의 시력은 0.2~0.3 정도로 낮아 잘 보이지 않기 때문일 수도 있습니다.

시력은 낮지만 동체시력이 뛰어나 본능적으로 움직이는 것을 쫓는 습성이 있습니다. 그런데 저희 반려견은 공을 던져도 반응이 없고, 심지어 무서워서 도망치기도 합니다. 사냥 본능이 필요 없어져 버린 것일까요?

> **멍! 포인트**
> 야생의 능력을 깨닫도록 놀아줘야 합니다.

엉덩이를 바닥에 붙이고 걷는 모습이 귀여워?

엉덩이가 불편하다는 사인

개가 엉덩이를 슬슬 바닥에 끌면서 걷는 '엉덩이 끌기'를 본 적 있나요? 귀여워 보이지만 사실은 엉덩이가 불편하다는 것을 알리는 신호이니 꼭 살펴보아야 합니다.

개의 항문에는 좌우로 냄새의 원인이 되는 분비액을 저장하는 주머니, 즉 항문샘이 있습니다. 주머니 안쪽에 저장된 분비액은 배설이나 흥분했을 때 밖으로 나옵니다. 그런데 잘 배출되지 않은 채 분비

액이 점점 안에 쌓이면 엉덩이에 불편함을 느끼고 이를 없애려고 엉덩이를 바닥에 문지르면서 걷습니다.

항문샘은 너무 쌓이면 염증을 유발하고 심하면 파열할 수 있습니다. 소형견이나 노령견은 항문샘을 자력으로 배출할 수 없는 아이가 많으니 정기적으로 짜 주어야 합니다.

항문샘을 짜는 방법

항문샘은 방법을 알면 견주도 쉽게 짤 수 있습니다. 항문을 중심으로 4시에서 8

항문샘은 항문을 시계라고 보면 4시와 8시 방향에 있습니다. 손가락으로 만지면 동그랗게 부풀어 오른 것을 확인할 수 있습니다.

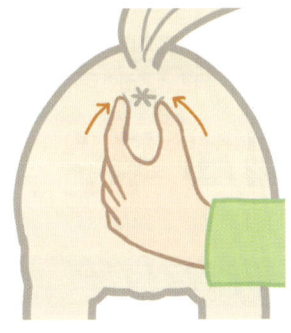

항문샘이 가득 찬 것을 확인했다면 아래에서 위로 밀듯이 짭시다. 짜기 전에 가볍게 비비면 쉽게 짤 수 있습니다.

시 방향에 있는데 검지와 엄지 사이에 끼워 잡습니다. 주머니처럼 부풀어 올랐다면, 항문샘이 쌓여 있다는 사인입니다. 항문을 향해 아래에서 위로 밀어내듯이 짜줍시다.

휴지로 누르면서 짜거나 아니면 목욕하기 전에 처리해 주면 개의 몸에 묻어도 바로 씻어낼 수 있어 좋습니다.

일반적으로 짜는 빈도는 한 달에 한 번 정도이지만 쌓이기 쉬운 체질이라면 엉덩이 상태를 자주 확인합시다.

멍! 포인트

항문샘을 짜는 것을 싫어한다면 수의사나 반려견 미용사에게 부탁합시다.

기분 좋은 향이 나는 발바닥 패드, 대체 무슨 냄새일까?

잡균 덩어리 그 자체인 발바닥 패드!

나도 모르게 반려견의 냄새를 맡고 있었네…!

견주라면 흔한 일입니다. 제 인스타그램에서 진행한 견주 대상의 설문조사에서도 '반려견의 냄새를 맡는 것을 즐깁니다'라는 대답이 95% 정도였을 만큼 여러분은 반려견의 냄새 맡는 걸 좋아합니다.

특히 발바닥 패드는 팝콘이나 풋콩, 쿠키, 고구마, 개에 따라 고소하고 달콤한 냄새가 나는 등 다 다릅니다. 전부 맛있는 냄새지만, 발바닥 패드 냄새의 정체는 땀과 피지에 바닥에 떨어진 쓰레기나 먼지, 지면의 잡균 등이 섞인 것입니다. 좋은 냄새인 줄 알았는데, 균이 섞인 사실을 알면 조금은 복잡한 기분이 들고는 합니다.

배나 머리 부위는 발바닥 패드와는 다른 냄새가 나는데, 땀의 종류가 다르기 때문입니다.

발바닥 패드에서 분비되는 땀은 거의 물입니다. 발바닥 패드 외의 몸에서 분비되는 땀에는 단백질이나 지질이 많이 포함되어 있어서, 발바닥 패드와는 다른 냄새가 납니다. 먹는 것에 따라 땀 냄새가 달라지기도 하니 매일 확인해 보면 재미있습니다.

멍! 포인트

스킨십을 하면서 반려견의 냄새를 확인해 봅시다!

자꾸 맡고 싶어지는 좋은 냄새!

꿀이나 메이플 시럽, 다시마 등… 개의 몸에서는 달콤하고 고소한 냄새가 납니다.

'킁!' 콧소리를 낼 때의 기분

킁

소리 내는 방법을 적절히 구분해 사용

개가 코를 '킁!' 하고 풀 때가 있습니다. 사실 상황마다 적절히 구분해 사용합니다.

마치 한숨을 쉬는 것처럼 '푸우' 하는 콧소리는 피로나 따분하다는 표현입니다. 교육 훈련이 길어져 기분이 나쁠 때 등 불만이 가득할 때 나오는 소리입니다.

'킁!' 하고 짧은 콧소리도 역시나 불만을 표현한 것입니다. 견주에게 혼이 나서 어쩔 수 없이 장난을 멈췄을 때처럼 참았을 때 잘 보이는 행동입니다. 참고로 '흥!' 하고 콧소리를 낸다면 어떤 신호일지도 모릅니다. 다른 방에서 거실로 돌아온 개가 스스로 콧소리를 내는 건 자기 존재를 알리고 있는 것입니다.

냄새도 리셋 가능

산책 중에 '크릉' 하고 크게 콧소리를 내는 이유는 코의 냄새를 리셋하기 위해서입니다. 다른 장소의 냄새를 맡기 전에 코에 남아있는 냄새를 지우려고 합니다. 침대 위에서 몸의 힘을 빼면서 '푸우우' 하는 소리를 냈다면 몸과 마음이 안정된 상태라는 의미입니다. 추운 날에 담요를 덮어주면 만족했다는 의미로 콧소리를 냅니다.

멍! 포인트

코를 울리는 소리를 잘 듣고 개의 기분을 맞춰 봅시다!

콧소리를 내며 편안함을 어필

푸르릉

침대 위에서 주섬주섬 움직인 후에 '푸르릉' 하고 콧소리를 낸 후 잠자리를 확보하면 마음이 안정되었다는 사인입니다.

화장실에서 자면
안돼! 방지법은?

화장실에서 자는 게 좋아?

반려견에게 완벽한 잠자리를 만들어줬
더니 일부러 화장실에서 잡니다. 강아지
시절에는 침대와 구별을 못해 잘 때도 있
지만, 성견이 되어도 화장실에서 자는 개
도 있습니다. 이럴 때는 다음의 네 가지
이유에 해당하지는 않는지 확인합시다.

첫 번째는 침대보다 시원해서입니다.
메시 소재 커버가 있는 화장실은 열이 잘
머물지 않아 더울 때는 침대보다도 시원
한 장소가 됩니다.

여름에는 냉감 타입의 침대로 바꿔 봅
시다.

두 번째는 침대보다 안정감을 느끼기
때문입니다. 야생 시절의 습성 때문에 좁
은 화장실에서 몸을 동그랗게 말고 자는
편이 더 편안한 개도 있습니다. 침대를 벽
쪽에 두거나 책장으로 가리고 담요나 수
건으로 틈을 메워 크기를 조정해 봅시다.

세 번째는 케이지(철장으로 둘러싸인
집)를 개가 너무 좁다고 느끼기 때문입
니다. 케이지 크기가 침대와 화장실만으
로도 꽉 찬다면 잠자리를 바꿔봤자 결국

일부러 화장실에서 자는 애교쟁이도 있어요

견주에게 자기를 봐 달라는 의미에서 일부러 화장실에서 잠을 자면서 관심을 끄는 개도 있습니다. 리액션은 적당히!

견주를 바로 바라볼 수 있는 자리는 오히려 좋지 않아요!

견주가 잘 보이는 방향으로 화장실을 두면, 견주의 모습을 살피다가 그대로 잠이 듭니다.

<mark>화장실 뿐입니다. 케이지는 공간에 여유가 있는 크기를 선택합니다.</mark>

　네 번째는 케이지에 들어간 화장실의 위치에 문제가 있는 경우입니다. 견주가 잘 보이는 방향으로 화장실을 두어 그 위치가 마음에 들면 화장실에서 보내는 시간이 늘어납니다. 침대와 화장실의 위치를 반대로 해 주세요.

　또한 견주의 시선을 끌려고 일부러 화장실에서 자는 개도 있습니다.

멍! 포인트

화장실보다 편안한 장소를 마련해 줍시다.

개의 털은 일 년 내내 빠진다?

봄과 가을에 많이 빠진다!

개의 온몸은 털로 덮여 있습니다. 밤에 비를 맞아도 안쪽까지 젖지 않고 겨울에는 털의 밀도가 높아져 보온 효과를 발휘하는 등 개는 털을 자유롭게 활용해 몸을 보호합니다.

털 타입은 이중모(Double coat)와 단모(Single coat), 이렇게 두 종류가 있습니다. 이중모는 표면을 덮는 두꺼운 겉 털(오버코트)과 그 아래 촘촘하게 나 있는 부드러운 속 털(언더코트)로 이루어진 겹

구조입니다.

속 털은 봄에는 통기성이 좋은 '여름털'로 털갈이 하고, 가을에는 보습 효과가 좋은 '겨울털'로 바꾸며 각 계절의 혹독한 기후를 견딥니다.

한편 단모는 겉털 뿐이라 계절마다 털 갈이하지 않으며 이중모보다 털이 적게 빠진다는 특징이 있습니다. 그러나 속 털이 없어서 추위에 약한 경향이 있습니다.

빗질 습관을 들이자!

빗질은 이중모와 단모 둘 다 해야 합니

요크셔테리어나 푸들, 말티즈 등은 털이 한 겹만 있는 단모종입니다. 계절마다 털갈이 하지 않아 털도 적게 빠집니다.

이중모 개

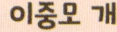

시추, 시바견, 골든 리트리버 등은 털이 이중 구조인 이중모입니다. 봄가을, 1년에 두 번 털갈이 시기가 있습니다.

빗질 습관을 들여요!

빗질을 꼼꼼히 해 오래된 털을 제거하고, 통기성을 유지합시다. 털에 붙은 오염물질이나 먼지, 꽃가루를 제거하는 의미도 있습니다.

다. 상처가 나거나 오래된 털은 어느 정도 자연스럽게 빠지지만, 빗질로 제거하지 않으면 몸속에 점점 쌓여 털 속에서 수많은 잡균이 증식하기 쉬운 상태가 됩니다. 털의 표면에는 먼지나 때가 묻어 있으니 빗질로 정성스럽게 제거합시다. 빗질로 여름에 피부가 짓무르는 것을 방지하고, 겨울에 털 사이에 공기를 넣어 주어 보온 효과를 높일 수 있습니다.

멍! 포인트

개의 털은 방수, 보온, 보호 등 몸을 지키는 중요한 역할을 합니다.

개는 물을 잘 마시지 못한다!

어떻게 물을 마시게 하나요?

접시 주변은 홍수, 거실 바닥은 개의 턱에서 떨어진 물방울로 침수 상태….

개가 물을 마시고 나면, 집안이 아수라장! 많이 겪어 봤을 겁니다. 개는 원래 물을 잘 못 마십니다. 고양이가 훨씬 잘 마십니다. 그런데 대체 이 둘은 뭐가 다를까요?

해외의 한 연구에서 개와 고양이가 물을 마시는 방법을 조사했더니 둘 다 혀를 '둥근 티스푼' 형태로 안쪽을 둥글게 말아서 물을 떠 올려 입안으로 운반했습니다. 혀를 안쪽으로 마는 방법은 같지만 한 가지 큰 차이점이 있었는데 바로, 혀를 담그는 위치입니다.

고양이는 물 표면에 혀를 대고 표면 장력을 이용해서 물을 떠올려 물기둥을 만들어 입속으로 운반합니다. 반면 개는 혀를 물속에 쏙 집어넣습니다. 물방울이 많이 튈 뿐 정작 마신 물은 적습니다. 그렇게 개가 혀로 뜨는 물의 대부분은 입까지 가지 못한 채 떨어집니다. 요란하게 소리를 내며 물을 많이 마시는 것처럼 보여

**소리만 요란할 뿐,
바닥은 침수 상태…**

개는 물속에 혀를 담그고 힘차게 마십니다. 물방울이 많이 튀어 입속으로 들어가기 전에 물이 흘러 주변이 쉽게 더러워집니다.

**개보다 고양이가
물을 잘 마셔요!**

고양이는 혀를 물 표면에 붙여 표면 장력을 이용해서 마십니다. 개보다 조용하고 물방울도 적게 튑니다.

==도 실제로는 혀로 퍼 올린 소량의 물만 마십니다.==

　이처럼 접시에서 물을 마셔도 효율이 떨어지기 때문에 케이지에 고정된 노즐 급수기로는 입속으로 들어가는 물의 양이 더 적습니다. 더운 여름에는 특히 물을 더 마시고 싶어 합니다. 물을 쉽게 마실 수 있도록 접시 타입도 준비해 둡시다. 그리고 접시 주변은 물이 튀어 습할 수 있으니 매트를 깔아 두고 자주 교환합시다.

멍! 포인트
열심히 물을 마시는 것처럼 보이지만, 실제로는 많이 마시지 못합니다.

87

그러고 보니 땀을 흘리는
개를 본 적이 없네?

개의 땀은 어떤 땀일까?

사람은 더우면 온몸에서 땀을 흘립니다. 반면 개가 땀을 흘리는 모습을 본 적이 없습니다. 보이지는 않지만 사실 개도 땀을 흘립니다.

땀은 두 종류가 있는데 하나는 에크린샘에서 분비되는 것으로 99% 성분이 물인 땀입니다.

우리 몸은 대부분의 부위에 에크린샘이 있어서 몸의 표면에 땀을 흘려서 체온을 내릴 수 있습니다. 반면 개의 몸에는

에크린샘이 발바닥 패드와 코끝에만 있기 때문에 땀을 흘려도 체온을 내리는 효과가 거의 없습니다. 개는 더워지면 혀를 내밀고 헐떡이며 숨을 쉬는 '헐떡임(panting)'으로, 혀로 수분과 함께 열을 방출해 체온을 낮춥니다.

다른 하나는 피지선과 이어진 아포크린샘에서 분비되는 땀입니다. 이 땀에는 단백질이나 지질 등 냄새의 원인이 되기 쉬운 성분이 포함되어 있고 페로몬 역할도 합니다.

사람은 겨드랑이 아래나 배꼽 부근 등

사람처럼 냄새의 원인은 땀!

개 냄새의 원인은 아포크린샘에서 분비되는 전신의 땀. 피지와 섞여 산화하면 몸에 들러붙어 특유의 냄새가 강해집니다.

체온 조절을 위해 땀을 흘리지 않는다

개는 혀에서 수분과 함께 몸의 열을 방출하여 체온 조절을 합니다. 그래서 더울 때는 헥헥 하며 혀를 내고 호흡합니다.

견주의 긴장을 냄새로 감지!

견주가 긴장해 땀을 흘리면 개에게도 전달됩니다. 개가 경계하며 짖는 원인이 견주의 땀 냄새일 수도!

몸의 일부에만 아포크린샘이 있지만 개는 거의 온몸에 땀샘이 있습니다. 특유의 개 냄새는 아포크린샘에서 분비되는 땀 때문입니다.

진찰대 위에 발바닥 자국이 남기도 하는데 긴장하면 손에 땀을 흘리는 것은 사람이나 개나 마찬가지입니다. '긴장해서 흘리는 땀'은 더울 때 흘리는 땀보다 냄새 성분이 많이 포함되어 있습니다. 땀 냄새로 견주의 긴장을 감지할 수 있으며 사람의 긴장은 개에게도 전염될 수 있습니다.

멍! 포인트
개도 땀을 흘리지만, 사람처럼 많이 흘리지는 않습니다.

사교적 or 내향적?
마음에도 영역이 있다

상대방이나 상황에 따라 바뀐다?

엘리베이터에 누군가와 함께 탔습니다. 그런데 충분한 공간이 있는데 내 옆에 서면 기분이 나쁩니다. 그 이유는 퍼스널 스페이스(personal space)에 있습니다. 타인이 자기 근처에 오는 것을 허락하는 한계 범위, 심리적 영역 범위가 있기 때문입니다. 개도 사람과 마찬가지로 퍼스널 스페이스가 있습니다.

산책이나 반려견 놀이터 등에서 다른 개와 접촉할 때 망설임 없이 상대에게 가까이 다가가 인사하는 개는 퍼스널 스페이스가 좁은, 즉 사교적인 타입입니다. 반면 상대가 접근하면 도망치고 꼬리를 감고 두려워하는 개는 퍼스널 스페이스가 넓은, 내향적인 타입으로 상대방과 일정한 거리를 유지하고 싶어 합니다. 사이가 좋은 개와는 퍼스널 스페이스가 좁아져 서로 냄새를 맡기도 하고 컨디션이 별로인 날은 퍼스널 스페이스가 넓어져 경계심을 강하게 드러내는 등 상대나 상황에 따라 바뀐다는 특징이 있습니다.

강아지 시절에 사회화 트레이닝이나

사교적인 개는
퍼스널 스페이스가 좁아요

처음 만나는 개라도 인사하는 사교적인 타입은 퍼스널 스페이스가 좁습니다.

신중한 타입의 개는
퍼스널 스페이스가 넓어요

다른 개와의 접촉을 불편해 하는 개는 퍼스널 스페이스가 넓은 경향이 있습니다. 그러나 상대나 상황에 따라 달라지기도 합니다.

교육 환경, 유전 등 몇 가지 요소의 영향을 받아 퍼스널 스페이스가 완성됩니다. 개마다 범위가 다르다는 점이 중요하며 이를 잘 이해해야 합니다. 평소에 사교적인 타입이라도 친하게 지내려 막무가내로 가까이 다가서는 안 됩니다.

개들끼리도 사인을 내보내며 서로의 기분을 전달합니다. 그런데도 상대의 경계 사인을 신경 쓰지 않고 노는 걸 좋아하는 개도 있습니다.

서로 잘 지낼 수 있도록 견주가 반려견의 거리감을 이해하고 조절하는 것이 중요합니다.

멍! 포인트

개마다 가진 퍼스널 스페이스를 존중해 줍시다.

개가 좋아하는 사람과
싫어하는 사람의 행동 차이

카밍시그널은?

개를 좋아하는 사람 중에는 개와 쉽게 친해지는 사람이 있는가 하면, 이유는 모르지만 개가 싫어하는 사람도 있습니다.

그 사람이 개 앞에서 하는 행동에 따라 어느 쪽인지 정해집니다. 개에게는 긴장감과 불안 등 스트레스를 느끼면 본인이나 상대방을 진정시키려는 '카밍시그널'이라는 바디랭귀지가 있습니다. 이는 개들끼리 인사할 때 적의나 관심이 없다는 것을 알리는 평화적인 신호지만, 사람이 개에게 해도 같은 효과를 보입니다.

개가 좋아하는 사람은 자연스럽게 카밍시그널에 맞는 행동을 합니다. 반면 싫어하는 사람은 자기도 모르는 사이에 개를 경계하게 만드는 행동을 합니다.

개에게 안심을 주려면?

카밍시그널을 의식하며 행동하면 개와 있을 때 나에게 다가올 가능성이 커집니다. 시선 맞추지 않기, 천천히 움직이기, 등을 돌리지 않기, 그 자리에 앉기, 일단 멈추기, 원을 그리면서 다가가기 등 갑자

**개에게서 시선을 돌려
안심시켜 주세요**

눈을 마주치면 위협 사인으로 받아들일 수 있습니다. 개에게서 시선을 돌리고 상대방에게 흥미가 없는 태도를 보이면 경계심을 풉니다.

**땅 냄새를 맡는 행동도
시그널 중 하나**

상대방 앞에서 땅 냄새를 맡는 건 적의가 없다는 것을 나타내는 표현입니다.

==기 거리를 좁히지 않는 것이 포인트입니다.== 먼저 만지지 말고 개가 접근하는 것을 기다립시다. 개가 나에게 흥미가 없다면 무리하게 만지지 않도록 주의합시다.

멍! 포인트
갑자기 다가가거나 만지면 싫어합니다!

개는 성견이 되어도 여전히 강아지

평생 놀고 싶어

개는 노는 걸 아주 좋아하는 동물입니다. 하지만 성장해도 호기심을 계속 유지하고 노는 동물은 생각보다 없습니다. 늑대는 생후 3년이 지나면 어린 시절에 보이던 놀이 행동이 없어집니다. 반면 개는 성견이 되어도 계속 장난을 좋아합니다. 13세가 된 제 반려견은 아직도 장난감을 가지고 잘 놉니다.

이처럼 성견이 되어도 강아지 같은 행동이 계속 심해지는 상태를 네오티니 (Neoteny, 유형성숙(幼形成熟))라고 하는데, 개는 늑대의 네오티니로 여겨집니다.

놀고 있을 때는 뇌의 보수계라 불리는 시스템이 활성화됩니다. 좀 더 놀고 싶다는 마음이 강해지면 놀이 상대와의 유대관계도 깊어집니다.

개와 함께 놀면 유대가 깊어지는 효과도 있습니다. 견주에게 애착이 있는 개는 낯선 장소를 탐색할 때 정기적으로 견주와 접촉하고, 공포나 위험을 느끼면 견주에게 돌아오는 등 견주를 안심할 수 있는 존재로 인식합니다.

개는 평생 노는 것을 좋아해

성견이 되어도 호기심이 왕성하고 노는 것을 좋아하는 것도 네오티니(유형성숙)의 특징 중 하나입니다.

견주 앞에서 놀면
안심하고 있다는 증거

개는 견주가 지켜봐 주면 안심하여 다른 개와도 잘 노는 경향이 있습니다.

견주 앞이라면 잘 논다?

또한 한 연구에서 개는 견주가 없는 장소나 견주가 자기에게 어떤 반응도 표시하지 않을 때보다는 말을 걸거나 몸을 쓰다듬어 주는 등 관심을 표현하면 훨씬 쾌활하고 다른 개와도 사교적으로 노는 모습을 확인했습니다.

개에게 견주의 존재는 생각보다 훨씬 큰 듯합니다. 굉장히 기쁜 일이네요!

멍! 포인트
반려견과 함께 놀면서 유대 관계를 다져 봅시다!

지금은 도움이 안 된다고?
다시 보는 예전 교육법

집 지키는 개에서 가족의 일원으로

아주 예전에는 가정에서 개는 집을 지키는 역할을 했습니다. 그러나 시대가 변해 오늘날에는 가족처럼 생활하게 되었고, 개를 '반려견(companion dog)'으로 생각하는 것이 주류가 되었습니다. 사람이 개에게 요구하는 것이 변하자 예전에는 맞다고 생각했던 교육 방식도 바뀌었습니다.

예를 들어 산책할 때 견주보다 앞에서 걸으면 안 된다는 이야기가 있습니다. 개에게 가고 싶은 방향을 맡기면 자기가 리더라고 착각한다는 이유에서 좋지 않은 행동으로 보았습니다. 그러나 개는 산책을 즐기는 마음에 앞으로 걸어갔을 뿐이지 견주보다 앞에 있다고 자기가 우위라고 생각하지 않습니다. 주변을 배려하지 않고 제멋대로 걷게 하면 문제 있는 행동이지만, 견주의 부름에 반응하고 필요할 때는 그 장소에서 기다릴 수 있다면 개가 견주보다 앞서 걷는 것은 문제없는 행동입니다.

사람보다 먼저 식사를 주는 것, 그리고

개에게 요구되는 것이 변해 지금은 즐거운 시간을 함께 지내는 가족의 일원으로서 중요한 존재입니다.

산책 중 개를 자유롭게 걷게 할 때는 주변을 배려하고 안전에 문제가 없도록 합시다.

사람의 시선보다 높은 위치에서 개를 안아 올리는 것도 안 된다는 생각 또한 같은 이유에서 좋지 않은 행동으로 보았지만 오늘날에는 그렇지 않습니다.

견주보다 개의 식사를 먼저 준비하는 가정도 있지만 대부분 큰 문제가 되지 않을 것입니다. 오히려 사람의 식사가 끝날 때까지 개를 공복 상태에 둔 채 기다리게 하면 '나도 밥을 먹고 싶어'라며 요구하며 짓는 행동을 조장할 수 있습니다. 높은 곳에서 안아 올리는 행동은 안기는 것을 불편해 하는 개가 많아 상하 관계를 신경 쓸

여유가 없습니다.

멍! 포인트

과거 '집을 지키는 개'에서 '반려'로 변한 개

강한 척하지만,
정말은 아파!

고통을 숨기려 한다

개는 표정이 풍부합니다. 즐거울 때, 싫어할 때는 표정이나 태도에서 확실히 드러납니다.

그런데 우리는 개가 느끼는 아픔을 잘 알아차리지 못합니다. 최근 보면 주사를 맞고 아파서 우는 소리를 내며 표현하는 개도 있습니다. 그러나 야생 시절 적에게 약한 부분을 보이지 않으려고 하는 습성이 있어서 지금도 본능적으로 아픔을 숨기려고 하는 개도 많습니다.

개가 직접 드러내지 않고 아픔을 참고 있다면 평소와 다른 모습을 보입니다.

그 자리에서 가만히 움직이지 않는 것도 그중 하나입니다. 몸을 동그랗게 말고 쉬는 자세로 있어도 통증이 있으면 몸에 긴장감과 힘이 느껴집니다. 고통이 밀려올 때는 앉자마자 바로 다른 장소로 이동하는 등 불안한 모습을 보입니다.

몸을 만지면 싫어해서 견주와 거리를 두거나, 숨을 거칠게 쉰다거나, 가늘게 떠는 등 고통을 느끼는 모습은 다양합니다. 배가 아프면 상반신을 바닥에 붙인 채

동작이 느려졌다면, 만성적인 아픔 때문일지도!

계단을 싫어하거나, 잘 못 일어나는 등 동작이 둔해졌다면 관절이 아플지도 모릅니다.

복통이 있다면 '기도하는 포즈'

개가 복통을 느낄 때 하는 특유의 자세를 '기도하는 포즈'나 '스핑크스 포즈'라고 부릅니다.

엉덩이를 높이 드는 '기도하는 포즈'를 합니다. 이 모습은 강한 복통을 느낄 때 하는 행동으로 급성 장염이나 설사를 일으킬 위험이 있습니다.

관절염처럼 만성적으로 통증이 있다면 계단을 싫어하고 걸음이 느려지며 일어나는 데에 시간이 걸리는 등 동작이 둔해지고 소극적인 모습을 보입니다. 한 병원의 보고에 의하면 10세 이상의 개는 관절이 아닌 다른 부위를 진찰해도 약 절반 정도에서 관절염 문제가 함께 나타났다고 합니다. 반려견이 나이가 들었다면

놓치지 말고 의심되는 증상이 있다면 수의사와 상담합시다!

멍! 포인트
평소와 다른 모습을 보인다면, 개가 아프다는 사인일지도!

멍멍!

벽을 보고 짖거나 바라보는 이유는?

높은 음역을 잘 들어요

개가 갑자기 벽을 향해 짖거나 가만히 바라볼 때가 있지 않나요? 사람이 들을 수 없는 소리에 개가 반응하는 경우일 수 있습니다. 개는 사람보다 청각이 훨씬 뛰어납니다. 사람이 구분해 들을 수 있는 범위는 20~20000Hz 정도입니다. 반면 개가 들을 수 있는 소리의 범위는 최대 45000~65000Hz 정도로 우리보다 몇 배 이상 높은 음을 들을 수 있습니다. 개는 같은 방에서 우리의 귀에는 들리지 않는 소리를 들을 수 있습니다. 반면 개는 청소기 모터처럼 위잉 혹은 웅웅거리는 높은 소리에 특히 불쾌감을 느끼는 경우가 많습니다. 어쩌면 옆방이나 위층에서 나는 소리 때문일지 모릅니다.

소리의 방향도 안다

개는 소리가 나는 방향으로 귀를 기울이고 소리가 어느 방향에서 나는지 알아차리는 능력도 뛰어납니다. 사람이 분간하는 소리 방향은 16방향까지이지만 개는 더 자세히 32방향까지 구분합니다.

개는 우리는 듣지 못하는 고음역대까지 들을 수 있습니다. 청소기나 모터에서 나는 높은 소리에 강한 불쾌감을 느끼는 경우가 많습니다.

개는 귀의 가동 영역이 넓어서 어디에서 소리가 나고 있는지 귀를 움직이면서 자세히 구분해 들을 수 있습니다.

개는 사람은 듣지 못하는 높은음을 들을 수 있으며 심지어 그 소리가 어느 방향에서 나는지도 구분할 수 있습니다.

부르면 돌아보지는 않지만 귀가 견주 쪽을 향해 있다면 의식은 견주의 목소리에 집중하고 있다는 의미입니다. 반면 개와 마주 보고 있어도 귀가 뒤쪽을 향해 있다면 다른 곳을 신경 쓰고 있다는 의미입니다. 노화로 귀가 잘 들리지 않아도 높은음은 비교적 쉽게 구분할 수 있습니다. 그러니 나이가 든 개에게는 평소보다 높은 목소리로 불러 주는 것이 좋습니다.

멍! 포인트

개만 들을 수 있는 고음에 반응해서 갑자기 짖기도 합니다.

음식 취향도 바뀐다?
개의 나이를 세는 법

경험으로 배우는 영리한 개

개의 행동 중에는 예전에는 겁이 많던 반려견이 나이가 들면서 이전보다 겁을 덜 내는 듯 보이는 것처럼 나이 변화에 따라 달라지는 것들이 있습니다.

소리에 대한 반응도 그 중 하나입니다. 강아지 시절에는 텔레비전 소리나 집 밖에서 들리는 다른 개 소리에도 반사적으로 짖었지만 경험상 '짖어도 반응이 없어'라고 이해하면, 더는 신경을 안 쓰게 됩니다.

음식에 대한 집착이 사라진다?

어릴 때는 싫어하던 음식을 어른이 되면 맛있게 느끼는 것처럼 개도 나이를 먹으면 음식 취향이 바뀝니다. 원래 먹던 음식과 다르거나 간식을 경계하던 강아지도 나이를 먹으면 음식에 대한 집착이 사라지고 어떤 음식이든 먹고자 하는 도전 정신이 생기기도 합니다. 반면 편식이 생기는 개도 있으니 강아지 시절부터 건식이든 습식이든 다양한 타입의 음식을 먹는 연습을 합시다.

음식의 폭이 넓어지는 경우도!

편식이 사라져 무엇이든 잘 먹는 경우도 있습니다. 그러나 갑자기 식욕이 왕성해지는 건 병일수도 있으니 주의!

텔레비전 소리나 밖에서 들리는 울음소리에 반응하지 않는다

멍멍!

쿨

강아지 시절에는 밖에서 나는 다른 개의 소리에 멍멍! 하고 강하게 짖었지만 경험이 쌓이면 더는 신경 쓰지 않게 됩니다.

성견이 되면 태연해진다

개는 고령이 되면 경험이 쌓여 체력 저하나 청각 등의 감각 기능도 떨어져서 점점 움직이지 않게 됩니다. '쓸데없이 움직이고 싶지 않아' 라는 생각에서 어릴 때는 별로 좋아하지 않았던 청소기가 눈앞을 지나가도 누워서 편하게 있다거나 필사적으로 저항했던 목욕이나 발톱 손질도 별다른 저항 없이 하게 되는 경우도 꽤 있습니다. 함께 사는 동안 신뢰감이 생겼기 때문입니다.

멍 포인트

경험이 풍부한 개는 얌전해지고 어른스럽게 대응한다.

낮에도 계속 잠만 잔다!
개의 수면 시간은
어느 정도일까?

개는 선잠을 자는 동물입니다

낮에도 밤에도 잠만 잡니다. 너무 많이 자서 걱정될 정도이지만, 사실 개는 잠을 깊게 자지 않는 동물입니다. 자연계에서는 항상 적의 위험에 노출되어 있고 언제나 위험한 상황이었기에 거의 선잠을 잤습니다. 숙면하는 듯 보여도 어떤 소리가 나면 곧바로 눈을 뜨는 이유도 이 때문입니다.

'렘수면(REM, Rapid Eye Movement)'이라 불리는 얕은 수면으로 몸은 쉬고 있지만 뇌는 깨어 있는 상태입니다. 수면 중에도 뇌는 활발히 움직이며 기억을 정리합니다. 안구가 움직이거나 꿈을 꾸는 것도 렘수면일 때입니다. 반대로 깊은 수면인 논 렘수면(Non-REM sleep)은 사고나 감정을 컨트롤하는 대뇌가 쉬고 있는 상태로 피로 회복이나 면역력을 증진하는 데 중요합니다. 개의 수면 중 약 80%는 렘수면으로 체력 회복에 중요한 논 렘수면은 거의 20% 정도 뿐입니다. 체력 회복에 시간이 걸려서 하루 종일 잘 잡니다.

**렘수면 상태에서
꿈을 꾸고 있을지도!**

얕은 수면인 렘수면 상태일 때 잠꼬대나 꿈을 꿉니다.

노령견은 충분한 수면시간을

노령견은 체력이 떨어져 회복에 시간이 걸립니다. 당연히 수면 시간도 늘어납니다.

==하루에 필요한 수면 시간은 성견이 12~15시간, 강아지는 노령견보다 훨씬 많은 16~19시간이 필요==합니다. 장시간 외출하거나 교육 등 깨어있는 시간이 평소보다 긴 날은 충분한 휴식을 취하게 하고 수면 부족이 되지 않도록 쉬게 합시다.

최적의 잠자리를 생각하자

개는 어두침침하고 좁은 장소를 좋아합니다. 조명 아래, 문이나 사람의 동선과 가까운 곳, 에어컨 바람이 직접 닿는 장소는 피하고, 침대는 방구석같이 자극이 적은 장소에 둡시다.

멍! 포인트

개가 안심하고 쉴 수 있는 공간을 마련합시다!

'졸리다' 외에도
하품하는 이유

하품은 불편하다는 사인?

인간은 졸리면 하품을 합니다. 그런데 개는 졸릴 때만 하품하는 것이 아닙니다.

하품은 긴장이나 불안 등 스트레스를 느낄 때 자주 합니다. 개의 하품은 카밍 시그널로 자신과 상대를 진정시키는 의미에서 자주 합니다. 발톱 손질이나 목욕, 병원 진찰 등 싫어하는 장소에서 하품하는 개가 있는데 본인을 진정시키려는 행동입니다. 또한 혼났을 때 하품하는 개는 견주에게 '이 이상 혼내지 말아줘요' 라는 사인을 보내는 것입니다.

사람의 하품은 개에게 옮는다?

사람끼리 하품이 옮는 것처럼, 개도 견주의 하품에 전염되기도 합니다. 이는 개의 공감 능력이 높다는 증거입니다.

견주와 함께 사는 시간이 길수록 개의 공감 능력이 높은 경향이 있습니다.

편안한 상태인데도 하품을 반복한다면 주의해야 합니다. 빈혈이나 저혈당, 구강

내 병이 있을 가능성도 있습니다. 하품 횟수가 극단적으로 늘었다면 일단 수의사와 상담합시다.

멍! 포인트

나의 하품이 개에게 전염되는지 확인합시다!

하품은 공감 능력이 높다는 증거입니다.

하품이 전염되기 쉬운 개는 공감 능력이 높다는 증거. 진짜 그런지 확인하려 했더니 하품은커녕 견주의 얼굴을 핥는 개도 많습니다.

어떻게 시간을 맞추지? 매일 아침 깨우러 오는 반려견!

개도 체내시계가 있다

매일 같은 시간에 깨우러 온다거나, 밤이 되면 먼저 자러 간다거나… 마치 시계를 확인하고 있는 듯이 행동하는 개가 있습니다. 사람과 마찬가지로 개에게도 체내시계가 있답니다. 하루의 주기에 맞춰 기상과 취침 시간, 체온, 혈압, 호르몬 분비 등 몸의 리듬이 갖춰져 있습니다. 그래서 개는 체내에서 시간의 흐름을 파악할 수 있습니다.

단, 체내시계는 하루가 24시간이 아니라 1시간 정도 오차가 있다고 합니다. 오차를 방치하면 체내시계가 점점 망가지고 낮과 밤이 역전되어 밤에 짖거나 배회하고, 털갈이 시기가 되어도 오래된 털이 빠지지 않는 등 몸에도 악영향을 끼칩니다.

아침 햇살로 체내시계를 리셋

햇빛을 받아 오차를 되돌립시다.
체내시계는 아침 햇살을 받으면 빨리 가는 효과가 있습니다. 아침 산책으로 햇

빛을 받아 봅시다. 밤의 강한 빛은 체내시계를 늦추는 원인이니 밤에는 방의 조명을 끄고 빛의 자극을 약하게 만들어 지내 봅시다.

멍! 포인트
아침 산책으로 햇빛을 받아 체내시계의 오차를 해소합시다!

아침 햇살로 체내시계를 되돌리자!

체내시계는 매일 조금씩 오차가 발생합니다. 이럴 때 아침 산책이 도움이 됩니다. 아침이 어렵다면 낮에도 괜찮습니다.

지금인가? 똥을 싸기 전, 빙글빙글 도는 이유는?

배설 중에는 시선이 신경 쓰인다

개의 행동을 살펴보면 '이제 곧 똥이 나올 것 같아' 라는 타이밍을 알 수 있습니다. 배설 중에는 무방비 상태여서 개에게는 긴장을 늦출 수 없는 순간입니다. 그래서 똥을 싸기 전후에 매번 같은 행동을 하는 개가 많습니다.

배설하기 전에 그 장소를 빙글빙글 도는 것도 그중 하나. 그 장소를 밟아 평평하게 만들어 발밑과 주변의 안전을 확인합니다. 해외 연구에 따르면 개는 배설할 때 남북 방향 중 한쪽을 향하는 경향이 있으며 지축에 맞추기 위해 몸을 돌린다는 데이터가 있습니다.

배설 중에도 주변을 살펴보고 계속 경계합니다. 그런데 개가 주변이 아니라 견주를 계속 바라보면 견주에게 안전을 맡기고 있다거나 배설 후에 받을 상을 기대하는 것, 이 둘 중 하나입니다.

똥을 싸는 도중에 그만두는 이유는?

배변 중 근처에 사람이나 차가 지나가거나 큰소리가 들리면 갑자기 그만두기

엉덩이가 간지러워 뛰쳐나가기도!

배설 전, 흥분하거나 엉덩이에 똥이 붙어 불편함을 느끼면 주저앉아 엉덩이를 지면에 비비기도 합니다.

안전 확인을 위해 빙글빙글 돌기도

똥을 싸기 전, 그 자리를 빙글빙글 도는 이유는 안전을 확인하기 위해서입니다. 또한 남북 방향 중 한쪽을 향하려 한다는 주장도 있습니다.

도 합니다. <mark>타이밍을 놓치면 배변을 잘 못하는 개도 있습니다. 그러니 차나 사람이 적은 길을 선택하여 배설하도록 합시다.</mark>

타이밍이 나빠 털에 걸리면 엉덩이의 답답함을 해소하려고 있는 힘껏 달리거나 지면에 털썩하고 엉덩이를 붙입니다. 이럴 때는 개의 몸을 잘 잡고 엉덩이를 닦아 줍시다. <mark>식이섬유가 많은 식재료는 소화를 잘 못합니다. 배변을 잘하도록 잘게 부수거나 가열하여 먹입시다.</mark>

멍! 포인트

주변을 힐끗힐끗. 개는 배변 중에도 계속 경계합니다.

109

촉 촉

개의 코는 왜 항상 촉촉할까?

취침 중에는 코가 말라 있다?

개의 코는 반짝거리고 촉촉할 때도 버석하게 건조할 때도 있습니다. 이는 개의 센서 활동 상태를 나타냅니다. 코끝이 젖어 있으면, 냄새나 바람의 방향을 감지하기 쉬워지므로 산책이나 식사 전에 코를 핥아 적극적으로 냄새를 맡으려고 합니다. 콧구멍 옆에 있는 틈새로 어느 쪽에서 냄새가 나는지 구분할 수 있습니다.

한편 개의 코는 잘 때나 편안한 상태에서는 대부분 건조합니다. 휴식 중에는 코의 감각도 잠시 쉬게 됩니다.

나이가 들면 평소에도 코가 쉽게 건조해집니다. 푸석하거나 각질이 쌓여 있지 않다면 특별히 걱정하지 않아도 됩니다. 심한 건조는 코 전용 보습 크림이나 소량의 올리브오일을 발라 촉촉하게 해 줍시다.

유일무이 개의 코 모양

개의 코를 잘 살펴보면 '비문'이라는 작은 주름이 많이 있습니다. 나이를 먹어도 모양이 변하지 않아 마치 사람의 지문처럼 모두 다릅니다.

멍! 포인트

반려견의 코 무늬는 세상에 단 하나뿐입니다!

세상에서 하나뿐인 코주름!

코의 주름 모양은 똑같은 것이 없습니다. 길을 잃은 개를 찾을 때나 소의 고유 식별 등에도 활용됩니다.

Part 3

개의 건강

건강하게
잘 지내는 것이 최고!

스킨십으로 건강 체크

얼굴 부분의 체크 포인트

견주의 중요한 역할은 반려견의 건강 관리입니다. 스킨십으로 반려견의 몸 상태를 보고 만지면서 확인합시다.

우선 눈입니다. 눈이 충혈되었거나 부어 있지는 않은지 검은자가 탁하지는 않은지 눈을 뜨기 힘들어하지는 않는지 꼼꼼히 살펴봅시다. 눈곱은 눈 안에 들어간 쓰레기나 노폐물을 배출하는 역할을 합니다. 눈곱이 하얗거나 검게 조금 생기는 정도라면 큰 문제가 없습니다. 하지만 색깔이 노랗고 점액이 심하면 염증을 의심할 수 있습니다.

귀에서 냄새는 나지 않는지 귀지가 쌓여 있지는 않은지 확인합시다. 귀지가 별로 없다면 귀 청소는 하지 않아도 문제없습니다.

귀 안이 빨갛게 붓는다거나 귀지가 갈색으로 변하고 냄새가 나기 시작하면 외이염일 가능성이 높습니다.

코는 적당히 촉촉한 상태가 좋지만 콧물의 양과 냄새, 재채기 빈도, 코에 상처가 있는지 등을 함께 확인합시다. 코피나

귀 부분의 체크 포인트

귀 안에서 냄새, 갈색 귀지가 나오면 외이염일 가능성이 높습니다. 뒤에서 불렀을 때 반응이 어떤지 확인합시다.

눈 부분의 체크 포인트

충혈이나 눈의 탁한 정도 눈곱 등 겉모습뿐 아니라 공을 쫓는 모습이나 손을 가까이 대었을 때 눈을 감는지 등의 반응도 함께 확인합시다.

털이나 피부, 온몸의 체크 포인트

몸이 좋지 않은 날에는 털 결도 나쁩니다. 온몸을 만져 보고 멍울이나 붓기, 싫어하는 부위가 있는지 확인합시다. 발톱도 체크하는 걸 잊지 마세요!

재채기를 자주 반복한다면 치주염이 원인일 수 있습니다.

털 결도 잘 확인

몸 상태가 나쁘면 평소보다 털 결도 좋지 않습니다. 털을 샅샅이 살펴보며 건조함, 뭉침, 비듬이나 탈모, 피부의 붉은 기 등이 없는지 점검합시다. 몸 표면에 사마귀나 피부 아래에 멍울은 없는지 참고 있는 건 아닌지 만지면서 확인합시다.

멍! 포인트

반려견의 변화를 확인하려면, 평소 상태를 잘 알아야 합니다.

스트레스가 쌓이면 면역력이 다운

스트레스에 취약해요

면역은 바이러스나 균으로부터 몸을 지켜주는 소중한 방어 기능입니다. 일상 생활 속에 면역력을 떨어트리는 다양한 원인이 숨어 있습니다. 개의 건강을 위해 다음의 것을 주의합시다.

개의 면역력을 떨어뜨리는 가장 큰 원인은 스트레스입니다. 그 정도로 개는 아주 작은 일에도 스트레스를 받기 쉬운 동물입니다. 커뮤니케이션이 부족하거나 견주의 기분이 좋지 않을 경우, 가족 간의

싸움, 수면 부족, 장시간 외출 등 주의가 필요한 것이 많습니다. 특히 신경 써야 하는 부분은 수면 부족입니다. 균이나 바이러스에 대항하는 항체는 수면 중에 분비되기 때문에 잠이 부족하면 악영향을 피할 수 없습니다. 소음이나 밝은 방, 온도 관리가 되지 않는 방 등은 양질의 수면을 방해합니다. 개가 느긋하게 쉴 수 있는 환경을 만듭시다.

불균형한 식사는 금물!

식생활도 중요합니다. 면역 세포의 약

불규칙한 식생활로
장내 환경이 나빠져요

간식이나 사람의 음식으로는 몸에 필요한 영양을 충분히 섭취할 수 없습니다. 규칙적인 식생활을 합시다.

면역력 저하의 원인
1위는 스트레스

산책이나 커뮤니케이션 부족, 가족의 불화, 수면 부족 등 개는 다양한 원인으로 스트레스를 받습니다.

비만은 개의 몸에도 좋지 않아요!

비만인 개는 몸속에 '만성 염증'과 같은 가벼운 염증이 생기면서, 면역력이 저하됩니다. 철저하게 식단을 관리하여 비만을 예방합시다.

70%는 장에 있습니다. 사람이 먹는 음식이나 간식만 주면 영양 균형이 무너져 장내 환경이 나빠지고 면역력 저하로 이어집니다. ==사료가 주식이라면 영양 균형이 잘 잡힌 '종합 영양식'이라 표시된 것을 선택합시다.==

비만이 되면 뚜렷한 증상은 없어도 몸 안에서 약한 염증이 발생하고 이것이 오래되어 '만성 염증'을 일으키기 쉬워집니다. 그러면 면역은 염증을 막으려고 바쁘게 움직이게 되고, 점점 힘을 잃어 병이나 노화의 원인을 만듭니다.

멍! 포인트
개에게도 식사와 수면은 매우 중요합니다!

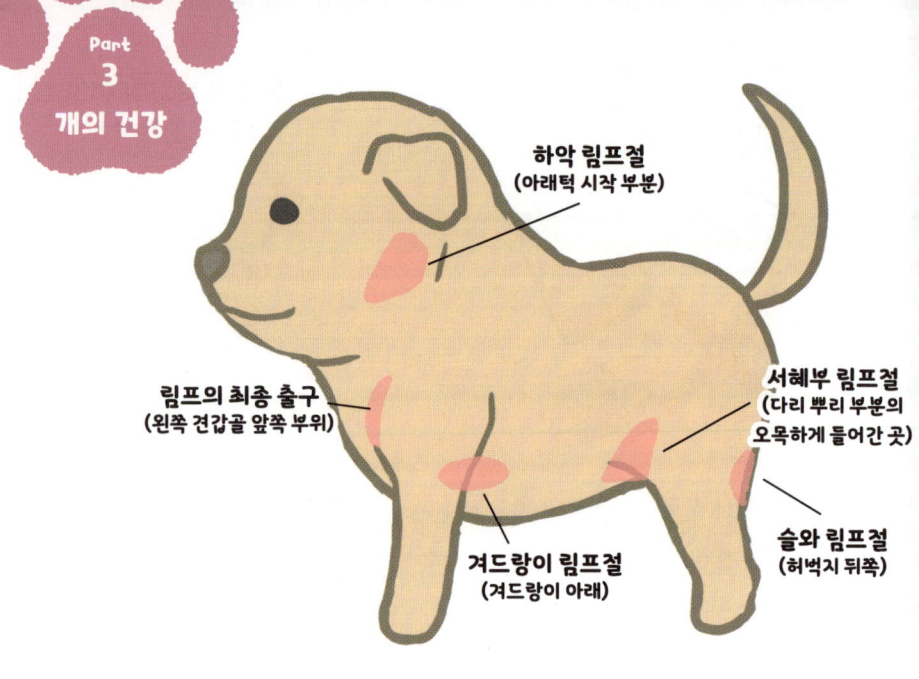

Part 3
개의 건강

하악 림프절
(아래턱 시작 부분)

서혜부 림프절
(다리 뿌리 부분의
오목하게 들어간 곳)

림프의 최종 출구
(왼쪽 견갑골 앞쪽 부위)

슬와 림프절
(허벅지 뒤쪽)

겨드랑이 림프절
(겨드랑이 아래)

집에서 간단히!
림프절 마사지로 긴장을 풀어요

개도 부어요

개도 사람과 마찬가지로 림프 순환이 나빠지면 몸에 부종이 생기고 면역력도 저하됩니다. 림프절이 집중된 다섯 부위를 마사지해서 림프의 흐름을 원활하게 풀어 줍시다.

먼저, 림프의 출구가 있는 왼쪽 견갑골 앞 가장자리 부분을 앞으로 부드럽게 만져 줍니다. 이 부위부터 마사지를 시작해 림프의 출구를 열어 줍시다.

다음은 아래턱 시작 부근에 있는 하악

림프절입니다. 양손으로 양쪽 아래턱을 잡고, 귀 뿌리 쪽으로 부드럽게 만져 주며 그대로 목, 어깨 쪽으로 림프 순환을 도와 줍니다.

이어서 앞다리 양쪽 겨드랑이 끝부분에 있는 겨드랑이 림프절입니다. 개가 누운 상태라면 손가락 안쪽으로 겨드랑이 끝부분을 조심스럽게 쓰다듬거나 감싸듯이 문질러도 좋습니다. 앉아 있을 때는 등 쪽에서 겨드랑이와 이어지는 앞다리 끝부분을 감싸듯이 잡아 부드럽게 문질러 주세요.

① 림프의 출구, 왼쪽 견갑골에서 시작해요

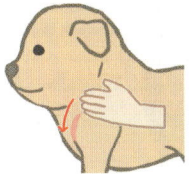

마사지는 왼쪽 견갑골부터 만져 줍니다. 림프의 출구가 열려서 흐름이 좋아집니다.

② 아래턱과 겨드랑이에 있는 림프절

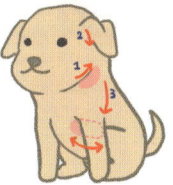

아래턱에서 귀를 향해 어깨 쪽으로 마사지합시다. 겨드랑이 림프절은 몸통과 이어진 앞다리 끝부분을 감싸서 마사지하거나 겨드랑이를 문질러도 좋습니다.

③ 뒷다리의 끝부분도 제대로 문질러요

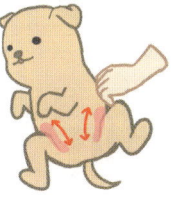

몸통과 이어지는 뒷다리의 끝부분, 허벅다리의 움푹 들어간 곳에는 서혜부 림프절이 있습니다. 가볍게 문질러 림프 순환을 촉진합시다.

④ 마지막으로 슬와 림프절을 마사지하고 종료

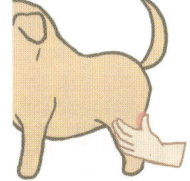

슬와 림프절은 무릎 뒤(몸통과 이어지는 다리 끝부분에서 조금 아래)에 있습니다. 허벅지를 감싸듯이 잡고 가볍게 만져 줍시다.

그다음에는 몸통과 이어지는 뒷다리 끝부분에 있는 서혜부 림프절입니다.

허벅지 안쪽 오목한 부위에 손가락을 올려 부드럽게 마사지해 주세요. 처음이라면 소형견은 오목한 곳을 가볍게 눌러 주기만 해도 됩니다. 개가 선 상태라면 등 뒤에서 몸통과 이어지는 허벅지 끝부분을 잡듯이 서혜부를 가볍게 문질러 주세요.

마지막은 무릎 뒤에 있는 슬와 림프절입니다. 허벅지 윗부분을 감싸안듯이 잡아 가볍게 마사지합시다.

부위별로 약 6~10회씩 합시다. 처음에는 횟수를 줄여도 상관없습니다.

반려견이 좋아하지 않는다면 무리해서 하지 말고 편안한 분위기를 만들어 부드럽게 만져 줍시다.

> **멍! 포인트**
> 기분 좋은 마사지는 훨씬 친밀한 관계를 만든다!

우리 집 반려견이 뚱뚱해!
몸의 라인으로 비만도를 체크

비만은 만병의 원인!

동글동글 통통한 개는 귀엽지만 비만은 만병의 근원입니다. 어떤 조사에서 적정 체중인 반려견에 비해 비만 경향이 있는 반려견의 경우 최대 2년 반까지 수명이 짧을 수 있다고 합니다.

손쉬운 체크 포인트 세 가지

반려견의 체형이 적정 체중인지 스스로 판단하려면 '바디 컨디션 스코어(BCS)'라는 평가 방법을 활용하면 편리합니다.

허리 라인, 배 라인, 늑골, 이렇게 3점을 체크합시다. 우선 개의 몸을 위에서 보고 허리 부근에 부드러운 굴곡이 있다면 이상적입니다. 허리 라인이 안 보이면 비만일 수 있으며 오히려 너무 눈에 띄면 마른 것입니다.

이어서 몸을 옆에서 봤을 때 가슴에서 뒷다리까지의 배 라인을 확인합시다. 다리 끝을 향해 치켜 올라가 있으면 이상적입니다. 평형하거나 또는 처져 있으면 너무 뚱뚱한 것이며 배가 볼록하게 보일 정도로 올라가 있다면 너무 말랐다는 사인

허리 라인이 있나요!?

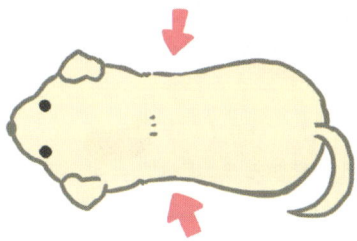

개의 몸을 위에서 봤을 때 잘록한 부분이 있는지 확인합시다. '바디 컨디션 스코어(Body Condition Score, BCS)' 라는 평가법을 익혀둡시다.

비만은 병에 걸릴 위험이 커요

비만이면 관절이나 심장에 부담이 증가합니다. 또한 당뇨병, 요로결석 등 다양한 병의 위험이 커집니다.

배 라인·늑골은?

옆에서 봤을 때 배의 라인, 몸을 만졌을 때 늑골이 바로 만져지는지 확인합시다.

입니다. 늑골은 만지면 확인할 수 있는 정도가 가장 좋지만 늑골이 어디 있는지 알 수 없을 만큼 지방으로 덮여 있다면 비만이고, 늑골이 보일 정도면 너무 마른 것입니다.

감량이 필요한 경우는?

개의 체중을 감량할 때 기본은 식사 관리입니다. ==과도한 운동이나 극단적인 식사 제한은 오히려 컨디션을 나쁘게 하니== 시간을 들여서 조금씩 메인 식사를 줄여보는 것을 목표로 합시다.

> **멍! 포인트**
> 한 달에 한 번 체중 측정! 큰 변화는 없는지 확인합시다.

건강 상태를 알려주는 똥

이상적인 똥이란?

똥 색깔은 먹은 음식의 색을 반영합니다.

사료가 노란색이면 똥의 색이 옅어지고, 갈색이라면 똥의 색은 진해집니다. 배 상태가 나쁘면 식사 내용을 바꾸지 않아도 똥색이 변합니다.

이상적인 똥은 소시지 모양인데, 집었을 때 부스러지지 않고 지면에 똥의 흔적이 조금 남을 정도로 수분을 포함한 상태가 표준입니다. 동글동글 작고 딱딱한 상태는 변비가 조금 있다는 증거입니다. 사료를 바꾼 직후나 물을 적게 마시면 똥이 딱딱해집니다. ==장의 움직임을 촉진하고 싶을 때는 장 건강에 좋은 효과가 있는 요구르트나 식이섬유가 풍부한 사과를 주고 산책으로 몸을 움직이게 합시다.==

설사는 소장과 대장 중 발생 부위에 따라 증상은 다르지만 비린내나 쇠 냄새가 나고 배변 횟수가 잦고 변에 피가 섞여 나오는 혈변, 검은색 변(타르변) 등 평소와

는 완전히 다른 증상을 보입니다. 똥의 색이 하얗거나 노란색, 회색이거나 가늘고 반점이 섞여 있다면 바로 병원에 데려가 주세요.

멍! 포인트

똥은 몸에서 보내는 신호입니다. 매일 상태를 확인합시다.

이상적인 똥은 소시지 모양

사료의 색은 똥에도 반영됩니다. 배변 횟수는 개인차가 있지만 평소와 달리 큰 변화가 있다면 주의합시다!

오줌 색이 평소와 다른지 관찰하기!

소변은 이상이 나타나기 쉽습니다

병의 증상이 가장 잘 보이는 건 오줌입니다. 색이나 냄새, 탁함 등 평소와 다르지 않은지 가능한 매일 오줌을 확인합시다.

정상적인 오줌은 옅은 노란색입니다. 일어나자마자 싼 오줌은 조금 진하지만, 크게 걱정하지 않아도 됩니다. 그런데 오후에 싼 오줌의 색도 짙다면 간 기능이 저하된 상태거나 탈수증상 등 컨디션이 나쁠 수 있습니다. 양파 중독, 심장사상충, 방광염, 방광암, 용혈성빈혈 등의 경우 오줌의 색이 주황색이거나 붉은색, 갈색으로 평소와는 확실히 다릅니다.

평소보다 자주 물을 마시면 오줌 색이 거의 투명하고 배출량도 많아집니다. 이는 '다음다뇨(多飮多尿)' 라는 증상으로 신장병이나 당뇨병, 요붕증, 쿠싱 증후군, 자궁 축농증 등 많은 병에서 보이는 증상입니다.

배뇨 시 통증을 느낀다거나 오줌이 조금밖에 나오지 않으면 방광이나 요도에 염증이나 결석이 생겨 배출이 어려워졌기 때문입니다. 이 외에도 냄새가 심하고 끈적거리거나 탁하고 반짝이는 알갱이가 섞여 있다면 이상 신호이므로 바로 병원에 데려가 주세요.

멍! 포인트

반려견의 오줌이 변했다면, 망설이지 말고 병원으로!

다음다뇨는 병의 신호

물을 많이 마시면 오줌의 양도 늘어납니다. 하루 음수량이 체중 1kg당 100ml를 넘으면 다음다뇨 증상으로 진단합니다.

오줌이 화장실에서 새어 나와요!

실패 원인에 따라 적절한 대책을!

화장실에서 제대로 볼일을 보지만 배변 시트 밖으로 소변이 새는 경우가 있어 곤란한 분들이 생각보다 많습니다. 이러한 모습이 반복될 때는 다음과 같은 방법을 시도해 봅시다.

우선, 화장실을 넓게 만들어 줍시다. 개는 배설 전에 빙글빙글 도는 버릇이 있습니다. 그래서 깔아둔 배변 시트가 삐뚤어집니다. 화장실에 배변 시트를 두 장 이상 준비하여 반려견이 움직여도 소변이 흘러나오지 않도록 합니다.

화장실의 경계를 잘 몰라서 시트에서 새어 나오기도 합니다. '이 부근이 화장실인가'라며 대강 인식하는 개도 있습니다. 시트 아래에 실리콘 매트를 깔아서 발의 감각으로 화장실의 경계를 곧바로 알 수 있도록 합시다. 시중에 나온 배변 시트에는 냄새로 배설을 촉진하는 교육용 시트가 있습니다. 화장실 중앙에 한 장 정도 놓고 이곳에서 볼일을 보도록 하는 방법도 있습니다.

평소에 배변 시트의 끝에서 자주 배설

화장실 경계는 확실히!

화장실과 거실의 경계를 잘 모른 채 배설하기도 합니다. 그러니 실리콘 매트나 낮은 울타리를 마련하여 경계를 구분합시다.

화장실을 일방통행으로 만들기

화장실 양쪽을 울타리가 있는 상태로 만들면 지나가다 배설하기 쉽습니다.

한다면 <mark>화장실 양쪽에 울타리를 쳐서 일방통행으로 만듭시다.</mark> 반려견이 자연스럽게 앞으로 이동할 수 있도록 배치했기 때문에 몸 전체가 시트 위에 있는 상태에서 배설을 원활하게 할 수 있습니다.

<mark>마지막 수단은 화장실을 개인실로 만드는 것입니다.</mark>

화장실은 실패를 계속하다 보면 성공과는 더 멀어집니다. 이럴 때는 화장실 교육을 재정비하는 것이 효과적인 경우도 있습니다. 입구를 좁게 만들어 새어 나오는 것을 방지합시다.

멍! 포인트
새어 나오는 것을 막으려면 화장실 크기나 설치를 다시 정비할 것!

벼룩 문제는 여름에만 발생하는 것이 아니다?

검은 알갱이는 벼룩의○○!

개의 몸에 기생하고 심한 가려움증을 유발하는 벼룩. 벼룩이 활발하게 활동하는 시기인 장마부터 여름마다 나름대로 방지 대책을 세운 견주도 많을 것입니다. 그런데 벼룩은 기온이 13도 이상만 되면 번식할 수 있습니다. 난방이 켜진 실내에서는 겨울에도 활동할 수 있어서 실제로는 일 년 내내 주의해야 합니다.

벼룩이 기생한 개의 몸에는 털에 검은색 모래 알갱이 같은 것이 보입니다. 검은 알갱이를 휴지에 올려 물을 살짝 뿌렸을 때 적갈색으로 변하면 벼룩의 똥입니다. 벼룩은 기생 후 이틀 안에 알을 낳을 정도로 번식력이 뛰어납니다. 똥을 발견했다면 바로 없애야 합니다.

벼룩을 퇴치하려면?

벼룩 퇴치는 구제약을 사용하는 것이 일반적입니다. 주로 반려견의 목덜미에 바르는 타입과 씹어 먹는 알약(저작형) 타입, 이렇게 두 가지가 있습니다.

개의 몸 상태를 확인하여 약의 종류, 투

구제약으로 벼룩을 완벽히 퇴치!

벼룩은 한 마리만 있어도 알 10개를 숨기고 있을 만큼 번식력이 엄청납니다. 구제약으로 빨리 대응하고 예방합시다.

피를 빤 벼룩의 똥

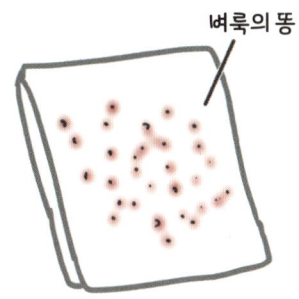

벼룩의 똥

개의 몸에 붙은 검은 알갱이를 떼어내서 물을 뿌려 봅시다. 적갈색으로 물들었다면 개의 피를 빤 후의 벼룩의 똥입니다.

약할 양을 반드시 수의사와 상담하여 정합시다.

목욕하면서 벼룩을 씻어 흘려보내는 방법도 좋지만 털 사이에 껴 있는 벼룩은 씻어내기 어렵고 몸에 남아서 완벽하게 제거하는 건 불가능합니다. 목덜미에 바르는 타입의 구제약은 목욕 직후에 투여하는 것을 피하는 편이 좋을 때도 있습니다.

만약 벼룩을 발견해도 절대로 눌러서 없애려 하면 안 됩니다. 누르면 알이 퍼져서 피해가 더 커질 위험이 있습니다. 발

견했다면 테이프에 붙이던가 물에 적신 휴지로 잡아서 비닐 봉투에 넣어 완벽하게 묶어 버립시다.

멍! 포인트
벼룩의 번식력은 놀라울 정도! 기생하지 않도록 막는 것이 중요합니다.

샴푸 거품으로 꼼꼼하게 씻는 건 금물!

이 방법이 맞을까?

집에서 반려견을 씻기는 경우가 많아졌습니다. 혹시 자기 방식대로 아무렇게나 씻기고 있지는 않나요? 개의 피부는 사람보다 얇고 민감해서 힘을 주고 씻으면 안 됩니다.

목욕하기 전에 먼저 빗으로 엉킨 털을 풀어 줍시다. 털 결을 정리하면 샴푸제나 따뜻한 물이 털 안쪽까지 잘 들어가 입욕 시간도 줄어듭니다. 털 결이 어느 정도 정리되었다면, 샴푸로 미지근한 물을 틀

어 개의 몸을 적셔 줍시다. 물의 온도는 35~38도를 기준으로 설정합니다. 여름이나 더위를 타는 개의 경우는 35~36도, 겨울이나 추위를 너무 타는 아이는 37~38도, 개의 상태를 보면서 온도 조절을 합시다.

개의 피부(몸의 가장 바깥쪽에 있는 표피)는 사람의 1/3~1/5 정도의 두께로 마찰이나 자극에 민감합니다. 심하게 비벼 씻으면 건조함이나 피부 트러블을 유발할 수 있습니다.

샴푸제는 몸에 직접 닿지 않게 하고 스

물기가 남은 상태는 피부 트러블의 원인!

물기가 남으면 균이 증식해서 위험합니다. 드라이어로 털 속까지 완벽하게 말립시다.

제대로 거품을 내서 씻겨 주세요!

개의 피부는 얇아서 샴푸제를 직접 몸에 뿌리고 털을 비벼서 빨면 안 됩니다! 거품을 제대로 내서 털 결에 따라 부드럽게 씻깁시다.

샴푸 후에는 보습 케어를!

샴푸 후에는 피부가 쉽게 건조해집니다. 보습제로 관리합시다. 피부 장벽 기능을 정돈해 주는 세라마이드 배합 타입을 추천합니다.

펀지나 거품망으로 거품을 잘 내서 몸에 얹힙니다. 몸에 거품을 올려서 털 결에 따라 마사지하듯이 부드럽게 씻읍시다.

샴푸가 남아있으면 피부염의 원인이 되니 꼼꼼하게 씻어 냅시다. 샤워 헤드를 개의 몸에 바짝 붙이면 샤워 소리나 수압이 줄어들어 얌전해집니다.

마지막에는 수건이나 드라이어로 완벽하게 말립니다. 드라이어는 몸에서 30cm 이상 떨어뜨려서 냉풍과 온풍을 적절하게 섞어가며 열이 너무 닿지 않도록 하는 것이 포인트입니다.

멍! 포인트

개의 피부는 섬세합니다. 거품을 부드럽게 내서 씻겨 줍시다.

훅훅

꿀꺽
꿀꺽

갑자기 튀어나오는 격한 호흡!
'역재채기'를 멈추게 하는 방법

'역재채기'란?

개가 갑자기 코를 먹으면서 괴로운 듯 거친 호흡을 반복하는 모습을 보고 놀란 경험이 있나요? 이 증상은 '역재채기' 라고 합니다. 코에 어떤 자극을 받아 급격하게 숨을 들이쉬고 내쉬는 행동을 반복합니다.

괴로워하는 모습과 달리 개의 몸은 그렇게 아프지는 않은 듯합니다. 증상이 괜찮아지면 아무 일도 없었다는 듯이 잘 지냅니다.

대부분은 1분 이내에 자연스럽게 낫지만 역재채기를 계속 한다면 다음과 같은 방법을 써 보길 바랍니다.

첫 번째는 코의 구멍을 막기. 역재채기는 코로 갑자기 숨을 들이쉬는 동작이 반복되는 것입니다. 일시적으로 코의 구멍을 막아서 입으로 호흡을 할 수 있도록 하면 멈춥니다. 입까지 막지 않도록 주의하고 개가 입을 열면 손을 떼어 주세요.

두 번째는 목이나 가슴 부근을 문질러 주고, 침을 꿀꺽 삼키도록 합니다. 코호흡이 중단되어 증상이 완화됩니다. 코에

목이나 가슴 부근을 만져 주세요

침을 삼키는 동작으로도 코호흡이 멈춥니다. 목이나 가슴 부근을 부드럽게 문질러 주세요.

콧구멍을 막아 주세요

손가락이나 손바닥으로 콧구멍을 막아서 코호흡을 중단시킵니다.

역재채기가 발생하기 쉬운 견종

치와와 등 소형견, 프렌치불독 등 코가 낮은 개는 역재채기가 발생하기 쉬우니 주의합시다.

혈자리를 눌러주세요

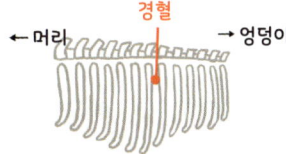

← 머리   경혈   → 엉덩이

총 13개의 늑골 중, 엉덩이를 중심으로 6, 7번째 사이에 경혈이라는 혈자리가 있습니다. 손가락 안쪽으로 가볍게 눌러 주세요.

숨을 불어 넣어 코끝을 핥는 동작을 유도해도 같은 효과를 볼 수 있습니다.

세 번째는 경혈 자리를 누르는 방법입니다.

경혈은 딸꾹질을 멈추는 자리로 개의 역재채기에도 효과가 있다고 합니다. 경혈 부위는 총 13개의 늑골 중, 엉덩이를 기준으로 6, 7번째 사이에 있습니다. 역재채기 증상이 보이면 손가락 안쪽으로 약 10초간 살짝 눌러 주세요. 이 위치를 평소에 알아두면 좋습니다.

역재채기가 하루에 10회 이상 발생하면 콧물에 피가 섞이기도 하는데, 걱정이 된다면 병원에서 꼼꼼하게 진찰을 받읍시다.

멍! 포인트

역재채기가 발생하면, 당황하지 말고 세 가지 방법을 시도해 봅시다.

신경 쓰이는 '눈물 자국', 개선 방법은?

질 좋은 음식을 선택하기

눈 주변에 항상 눈물이 흘러 털이 적갈색으로 변색되는 것을 눈물 자국(유루증)이라 합니다. 눈물 자국의 원인은 대부분 몸의 구조상 문제, 또는 눈에 털이 닿아 생기는 자극이지만 식사 내용을 바꾸면 증상이 개선되기도 합니다. 제 반려견도 오랜 시간 눈물 자국으로 고생 중이었습니다. 그런데 식사 내용을 바꾸니 눈물 자극 증상이 완전히 나았습니다.

구체적으로 '질 좋은 사료 선택'과 '수분 섭취를 늘리는 것' 두 가지를 바꿨습니다. 사료는 식품이 아니라 잡화 취급을 받기 때문에 원재료는 사람의 식품에 사용할 수 없는 저품질이 포함되어 있습니다. 조악한 원료는 소화가 어렵고 눈물 자국을 심각하게 만드는 원인입니다. 그래서 사람이 먹을 수 있는 품질의 식재료로 만들어진 사료로 바꿨습니다. 개의 몸에는 잡곡보다 육류나 어류가 훨씬 더 잘 소화됩니다. 그래서 고기나 생선을 주원료로 하고 몸에 필요한 성분만 담긴 무첨가 제품을 선택했습니다.

질 좋은 사료를 선택해요

사람이 먹을 수 있는 원재료를 사용한(휴먼 그레이드, Human Grade) 사료를 선택해 질이 좋은 단백질을 섭취하게 합시다.

고단백질 사료가 맞지 않을 때는…

단백질의 비율이 30% 이상인 사료를 먹었는데 눈물 자국이 심해졌다면, 함유량 비율이 낮은 사료로 바꿉시다.

적극적으로 수분을 섭취해요

체내의 노폐물을 자연스럽게 배출시키기 위해 수분을 적극적으로 섭취할 수 있도록 음수량을 늘립시다.

수분은 많이!

수분을 확실히 섭취하면 노폐물이 쉽게 배출됩니다. 그래서 미지근한 물이나 닭 삶은 물에 음식을 불려서 식사로도 수분을 보충할 수 있도록 음수량을 늘렸습니다.

눈물 자국은 본질적인 문제에서 비롯되므로, 눈에 띄게 개선되기까지는 시간이 걸립니다. 모든 개가 이 방법으로 개선되는 것은 아니지만 눈물 자국으로 고민하는 분이라면 꼭 시도하길 바랍니다.

멍! 포인트

사료와 음수량, 이 두 가지를 개선하는 것이 포인트입니다.

배가 고프면 토해요

개는 쉽게 토하는 동물

개는 사람보다 쉽게 토하는 동물입니다. 이는 개의 몸 구조상 입에서 위장까지가 일직선이어서 작은 자극에도 쉽게 역류가 일어나기 때문입니다. 자주 보이는 증상으로는 공복으로 인한 구토와 빨리 먹었을 때 보이는 역류(먹은 것을 토해냄)가 있습니다.

배가 고프면 토한다?

개는 공복 때문에 토를 할 때가 있습니

다. 공복 상태가 오래되면 위의 움직임이 떨어져 위산이나 담즙이 역류하여 그 자극으로 토를 합니다. 이른 아침이나 견주의 귀가가 늦어진 날, 개가 하얀 거품이나 노란색 액체를 토한 적이 있지 않나요? 바로 이 증상이 공복으로 인한 구토로 하얀 거품은 위산이나 위액, 노란색 액체는 담즙이 역류한 것입니다. 둘 다 섞여서 토하는 경우가 많은데 담즙이 섞이면 코를 찌르는 특유의 냄새가 납니다.

공복으로 토하는 현상을 막으려면 식사를 자주 해서 공복 시간을 단축해야 합

장시간 공복이어도 토해요!

개는 공복 시간이 너무 길면 토합니다. 이른 아침이나 견주의 귀가가 늦어진 날, 하얀 거품이나 노란색 액체를 토하는 건 공복 때문입니다.

식사 횟수나 시간을 고치자

공복으로 토한다면 식사 횟수를 늘리던가 식사 시간을 조금 바꾸어 공복 시간을 단축하면 막을 수 있습니다.

개의 몸은 토하기 쉬워요

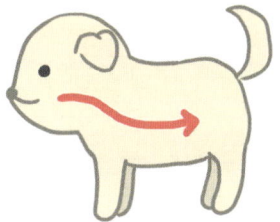

개는 몸의 구조상 입에서부터 장이 가로로 나란히 늘어선 형태입니다. 그래서 약간의 자극으로도 사람보다 쉽게 토를 합니다.

아침·점심·저녁
하루에 세 번

니다. 하루에 식사를 두 번 했다면, 아침, 점심, 저녁, 하루에 세 번으로 식사 횟수를 늘립시다. 점심 식사를 준비할 수 없는 경우라면 야식을 추가해도 괜찮습니다.

한꺼번에 먹는 것도 원인!

급하게 먹으면 사료를 그대로 삼켜 식도가 자극되고 그 반동으로 역류가 일어납니다.

전조 증상도 없이 먹은 직후 격하게 토하는 것이 특징입니다. 개는 토한 사료를 마치 아무 일 없었다는 듯 다시 먹으려 합

니다.

급하게 먹는 습관을 고치려면 접시나 미지근한 물에 음식을 불려서 한 번에 먹지 않도록 해 봅시다.

멍! 포인트

공복으로 인한 구토는 식사 횟수나 시간을 조절해서 막읍시다.

이물질을 삼켜서 아찔!

당황해서 막으려 하면 안 돼요!

개가 이쑤시개나 페트병 뚜껑을 먹어서 아찔했던 경험이 있지 않나요? 개는 입안에 들어갈 수 있는 크기라면 무엇이든 물어서 확인하려 합니다. 특히 강아지는 눈앞에 있는 것을 닥치는 대로 입에 넣는 습관이 있어서 잘못 삼키지는 않는지 항상 살펴봐야 합니다.

삼키는 모습을 목격하더라도 당황하여 막으려 해서는 안 됩니다. ==큰소리를 내거나 달려가면 개는 삼킨 것을 빼앗길지도 모른다고 생각해서 서둘러 삼키려고 합니다.== 입안에서 물고 있는 걸 무리해서 빼앗으려 하면 할수록 개도 필사적으로 놓아주지 않습니다. 강한 힘으로 당기면 플라스틱이나 천으로 된 물건은 일부분이 빠지거나 떨어져서 잘못 삼킬 위험이 커집니다.

물고 있는 것을 개에게서 빼앗으려면 개가 좋아하는 간식과 교환하거나 간식을 던져서 주의를 끌고 그 사이에 빨리 정리해야 합니다. 이물질을 삼키는 것을 막는 것보다 입에 넣으면 안되는 것을 개가 만질 수 있는 범위에 두지 않는 것이 중요합니다.

> **멍! 포인트**
> 이물질은 간식으로 흥미를 끌어서 빼앗읍시다!

입속에 있는 것을 뺏으려면

입속에 있는 것보다 훨씬 좋은 것으로 주의를 끌어야 합니다. 평소보다 특별한 간식이 효과적입니다.

환절기에는 개의 자율신경도 흔들려요!

컨디션 불량은 일교차가 원인?

아침저녁으로 서늘한데 낮에는 더워 하루의 일교차가 커지면 컨디션도 나빠집니다. 이는 개도 마찬가지입니다. 일교차가 큰 날이 계속되면 자율신경의 균형이 깨져서 컨디션도 쉽게 나빠집니다. 개는 소화기관에 영향을 크게 받는데 식사 내용을 바꾸지 않았는데도 무른 대변이나 설사, 변비, 구토 증상을 보입니다.

특히 무더위로 지쳤던 여름이 가고 가을을 맞이하는 시기에 자주 보입니다. 온도가 매일 조금씩 변하면 몸 상태도 달라집니다. 낮 동안은 창문이나 현관, 복도에서 편안히 지낼 수 있지만, 아침과 밤에 같은 장소에 오래 있으면 몸이 식기 쉽습니다. 노령견은 온도 감각이 둔해져서 몸이 식어도 잘 알아차리지 못하거나 움직이기 귀찮아 약간 추운 정도는 참고 계속 자는 경우도 종종 있습니다.

개는 바닥과 가까운 곳에서 지내기 때문에 항상 차가운 공기에 노출되어 있습니다. 잠자리가 추우면 잠을 얕게 자고 평소보다 짓는 등 다른 행동을 보입니다. 그러니 개의 잠자리가 쾌적한지를 판단하려면 개가 실제 생활하는 눈높이에서 보고 확인해 봅시다.

멍! 포인트

낮에는 쾌적한 장소이지만, 아침과 밤에 춥지 않은지 확인하기!

일교차가 크면 배가 아프기도!

환절기에는 배의 상태가 쉽게 불안정해집니다. 아침과 밤, 쌀쌀할 때는 따뜻한 수프로 몸을 따뜻하게 해 줍시다.

방안에 둔 식물, 개에게는 위험해?

먹으면 위험한 식물

사람에게는 친근한 식물이지만, 개가 입에 넣으면 위험한 꽃에는 튤립, 수국, 진달래가 있습니다. 진달래는 거리에서 흔히 볼 수 있는 핑크색이나 흰색이 아니라, 주홍색이나 노란색인 철쭉 종류가 위험합니다. 이 밖에도 은방울꽃, 아마릴리스, 도라지, 나팔꽃, 협죽도, 백합, 알로에, 팬지, 은행, 크리스마스로즈, 포인세티아 등이 있습니다. 이 식물의 구근이나 잎, 씨앗 등의 일부나, 식물 전체에 중독 성분

이 포함되어 있으니 주의해야 합니다. 집에 장식한다면 개가 만질 수 없는 곳에 둡시다. 산책 시에 본다면 그냥 지나갑시다.

잘못해서 먹으면 설사나 구토를 하고, 침을 많이 흘리며 입이나 눈의 통증, 호흡 곤란 등이 발생하기도 합니다. 이러한 증상을 보인다면 곧바로 병원에 갑시다.

위험 or 안전한 관엽식물

중독 성분이 포함된 위험한 관엽 식물은 몬스테라, 아이비, 알로카시아, 디펜바키아, 스킨답서스, 드라세나, 피들 리프,

먹으면 위험한 관엽 식물

몬스테라나 아이비 등 인기 있는 관엽 식물에는 위험한 성분이 들어있습니다. 방에 장식한다면 개가 만질 수 없는 장소에 둡시다.

근처에 두면 위험한 화초

튤립, 수국, 은방울꽃, 백합 등 흔히 볼 수 있는 꽃에도 독성 성분이 포함되어 있으니 주의해야 합니다.

관리는 꼼꼼하게

파키라는 개에게도 안전한 관엽 식물이지만, 새싹을 먹지 않도록 주의합시다! 안전한 관엽 식물도 떨어진 잎이나 열매는 곧바로 정리합시다.

셀렘 등이 있습니다. 안전한 식물은 접란, 가주마루, 산세베리아, 바나나 나무, 종려죽, 관음죽, 에버프레시, 파키라, 페페로미아 류, 피레아, 옥접매, 빈랑나무, 테이블 야자, 보스턴 고사리(Boston fern) 등입니다.

ASPCA(미국 동물 학대 방지 협회, American Society for the Prevention of Cruelty to Animals) 의 홈페이지에는 개에게 유해한 식물과 안전한 식물이 자세히 소개되어 있습니다.

멍! 포인트

개에게 안전한 식물과 유해한 식물을 알아 두어 잘못 삼키지 않도록 조심합시다!

축 처진 얼굴에
감춰진 병의 신호

나이 탓이 아닐지도

개의 표정이 우울하고 외로워 보여… 나이 탓일까요? 아닙니다, 노화가 아니라 '갑상선 기능저하증'이라는 병이 원인일 수도 있습니다.

갑상선 기능 저하증은 몸의 대사를 활발하게 하는 갑상선 호르몬의 양이 줄어들어 신체에 다양한 영향을 끼치는 병입니다. 주요 증상으로는 표정에 힘이 없고 털이 얇아지며 매우 추위를 많이 타고 비만, 처진 피부, 칙칙함, 기름기를 비롯해 걷는 모양이 어색하고 자주 넘어지고 쉽게 피곤해 하고 수면 시간이 늘어나는 등의 현상이 있습니다.

장시간 수면은 주의

'활력 호르몬'이라는 이름으로도 불리는 갑상선 호르몬. 갑상선 기능 저하증이 되면 겉모습이나 행동에서 활력이 떨어집니다. 자는 시간이 늘어나고 작은 소리에는 눈을 뜨지 않습니다. 깨워도 바로 자버리는 '기면' 상태를 보이기도 합니다.

피부가 처지고, 체중이 늘어나요

식사 내용을 바꾸지 않았는데 대사가 떨어져서 점점 살이 찝니다. 몸이 붓고 배 쪽 피부의 탄력이 떨어집니다.

털이 얇아지고 추위를 잘 느껴요

갑상선 호르몬은 몸의 대사와 연관이 있습니다. 부족하면 털이 나는 속도가 느리고, 봄과 가을에도 추위를 잘 탑니다.

잠을 깊게 자요

대사 저하로 체력이 떨어져서 하루 종일 잠만 잡니다. 일어나도 멍하고 곧바로 잠듭니다.

체력이 없어서 곧바로 지쳐요

산책을 금방 끝낸다, 발을 어색하게 쓰고 걷는 모양이 어색하다, 잘 넘어진다, 소파에 자력으로 올라가지 못하는 등, 동작도 둔해집니다.

면 개의 표정과 행동에 활기가 돌아옵니다.

혈액 검사로 확인할 수 있다

갑상선 기능 저하증은 혈액 검사로 확인할 수 있습니다. 일반적으로는 중형견이나 대형견에 많은 병이지만, 소형견도 발병하는 경우가 늘어나고 있습니다. 나이가 든 탓이라고 생각하지 말고 의심되는 증상이 있다면 수의사의 상담을 받길 바랍니다.

치료 방법은 부족한 갑상선 호르몬을 약으로 보충하는 것뿐입니다. 평생 투약해야 한다는 단점이 있지만 한 달이 지나

멍! 포인트
'활력 호르몬'이 부족합니까? 걱정된다면 한번 검사를 해 봅시다!

우리 집 반려견도
이제 나이가? 노화의 사인

7살 이상은 시니어견

개는 7살이 지나면 시니어입니다. 몸의 크기나 건강 상태에 따라 노화의 진행 속도는 개인차가 있습니다. 대사적인 노화 사인을 정리하였으니 해당하는 부분이 있는지 확인합시다.

우선 외모 변화가 나타나기 시작

털이나 수염이 하얗게 변하는 건 외적인 노화 사인입니다. 나이가 들어 털의 색깔을 만드는 색소 세포의 움직임이 둔해지고 흰털이 늘어납니다. 코나 입, 눈가, 수염 등 얼굴 전체의 털을 잘 관찰합시다. 눈 안에 하얗고 동그란 윤곽이 나타나는 '핵경화증'은 수정체의 노화 때문입니다. 이 증상만으로 시력 장애는 발생하지 않지만 백내장 증상과 구분하기 어렵습니다. 안구의 혼탁이 보이면 병원에서 진찰을 받읍시다.

노화로 행동에도 변화가

체력이나 근력도 조금씩 떨어져서 예전만큼 달리지 못하고 속도도 느려집니

근력이 떨어져요

몸을 움직이는 일이 줄어들고 근력도 떨어집니다. 약간의 단차도 어려워해서 계단을 싫어하는 등 행동에도 변화가 나타납니다.

안구가 하얗게 탁해져요

눈 안에 하얗고 둥근 윤곽이 나타나는 '핵경화증'은 수정체의 노화가 원인입니다. 아연을 섭취하여 증상을 개선하기도 합니다.

자는 시간이 늘어나요

젊을 때보다 잠을 깊이 잡니다. 깨울 때는 개의 몸에 살짝 숨을 불어 봅시다. 갑자기 말을 걸면 놀랄 수 있으니 주의합시다.

다. 소파에 자력으로 올라가지 못하는 등 평소 행동에도 변화가 나타납니다. 몸을 움직이기 어려워지면 산책을 싫어하기도 하는데, 외출은 자극이 많아서 무리하지 않는 범위에서 계속합시다.

시니어가 되면 쉽게 지치고 체력 회복에도 시간이 걸립니다. 그래서 수면 시간도 늘어납니다. 다리와 허리 근력이 떨어지면 쓰러지는 방법도 달라집니다. 잠자리에는 매트를 깔고 충격을 완화할 수 있는 대책을 마련합시다.

멍! 포인트
나이가 들수록 귀엽습니다. 노화로 인한 변화도 함께 받아들입시다.

알아 두면 좋아요!
개를 위한 6대 영양소

반려견의 몸은 단백질, 지질, 탄수화물, 미네랄, 비타민, 물 이렇게 여섯 가지 요소가 필요합니다. 각각의 역할을 이해합시다.

단백질은 근육이나 털, 피부, 면역 물질 등의 재료로 몸을 유지하고 성장에 꼭 필요한 물질입니다. 약 20종류의 아미노산으로 구성되어 있으며, 그중 10종류는 체내에서 충분한 양을 만들 수 없는 '필수 아미노산'으로 식사로 보충해야 합니다.

동물성 단백질에는 필수 아미노산이 10종류 모두 포함되어 있지만, 밀가루나 콩에서 유래한 식물성 단백질에는 필수 아미노산이 몇 종류만 포함되어 있습니다.

지질은 에너지원이나 세포막의 형성, 지용성 비타민 흡수를 돕습니다. 물고기의 기름에 많은 오메가3 지방산과 닭기름이나 유채 기름에 풍부한 오메가6 지방산은 피부나 털에 필요하므로 식사로 보충합시다. 부족하면 피부가 건조해지고 털결도 나빠지며 탈모도 발생합니다.

탄수화물은 당질과 식이섬유로 나눌

물은 살아가는 데 꼭 필요한 것!

개의 몸은 60~70% 정도의 수분으로 구성되어 있습니다. 물을 마시는 장소가 너무 멀면 귀찮아하는 개도 있으니 마실 물은 2개 이상 준비합시다.

단백질은 몸을 구성하는 필수 요소

고기와 생선에서 얻는 동물성 단백질에는, 식사로 반드시 섭취해야 하는 약 10가지 필수 아미노산이 균형 있게 들어 있습니다.

수 있는데 당질은 즉효성 에너지원, 식이섬유는 장의 정상적인 움직임을 촉진합니다. 반드시 꼭 필요한 영양소는 아니지만 부족하면 개도 피로를 쉽게 느낍니다.

미네랄은 혈압이나 체온의 정상화, 비타민은 대사의 보조 효소 등의 역할을 합니다. 그러나 건강 보조제 등을 과잉 섭취하지 않도록 합시다.

개는 체내 수분의 15%를 잃으면 생명을 잃는다는 보고가 있을 정도로 물은 매우 중요한 영양소입니다. 물을 언제든지 마실 수 있는 환경을 만들어 줍시다.

멍! 포인트
물은 특히 중요! 탈수가 되지 않도록 평소에 준비합시다.

'지금'이야!
개 전용 방재 대책

개 전용 방재 굿즈

방재 굿즈를 마련할 때 사람용과 개 전용을 모두 준비합시다. 혹시나 발생할 재난에 대비하여 개에게 필요한 것은 견주가 준비해야 합니다. <mark>재해는 언제 어느 때 발생할지 모르기 때문에 '지금' 준비해야 합니다.</mark>

개 전용 방재 굿즈는 다양합니다. 휴대할 수 있는 범위에서 선택하여 한 세트를 준비합시다.

평소에 잘 먹는 사료(최저 5일~일주일

분), 마실 물(연수), 약(평소에 복용하는 것), 간식, 배변 시트, 배변 주머니, 리드 줄, 명찰, 개 전용 슈즈, 양말, 이동용 장(휴대용 하우스), 수건, 담요, 반려견 케어용 제품(일회용 양치 시트, 보디 시트, 브러시), 세균 탈취 스프레이 등 많은 생활용품이 필요합니다. 재택이냐 치를 이용할 것이냐, 다양한 상황을 가정해 미리 준비하는 것이 중요합니다.

개와 함께 피난소로 향할 때는 최소한의 필요한 것(간식, 리드 줄, 명찰, 배변 봉지, 이동장, 세균 탈취 스프레이 등)을

피난 장소에서
냄새 트러블을 조심하기!

사람이 많은 피난 장소에서 냄새로 인한 문제가 생기지 않도록, 탈취 기능이 있는 봉지와 스프레이를 미리 준비합시다.

식욕이 없을 때도
간식은 먹기 쉬워요

재해 쇼크로 식욕이 없는 개라도 간식은 먹을 수 있습니다. 습식사료는 수분도 포함하고 있으니 추천합니다.

동반 피난이라도
개는 이동장 안에서만

동반 피난도 가능한 피난처에서는 개와 견주가 같은 장소에 지낼 수 있습니다. 이동장 안에서 얌전히 있을 수 있도록 훈련해 둡시다.

피난 장소에 반려동물을
데려갈 수 있는지 먼저 확인!

반려동물을 받아 주는 피난 장소 대부분은 동행 피난입니다. 피난 장소에서 견주와 개는 다른 장소에서 지내게 됩니다.

엄선합니다. 비상시에는 식욕이 떨어지는 개도 있습니다. 이때 기호성이 높은 간식이 있다면 편리합니다.

개를 잃어버리지 않도록 리드 줄과 명찰에는 견주의 이름과 연락처를 적읍시다. 배변 냄새가 새어 나오면 문제가 될 수 있으니, 방취 효과가 있는 배변 봉투를 준비합시다. 겨울은 일회용 핫팩이나 강아지용 은박 보온 시트, 여름에는 냉각팩 등 계절에 따라 필요한 것을 바꾸는 것도 잊지 맙시다.

반려동물을 받아 주는 피난처가 있는

지 확인하고, 짐을 들고 개와 가 봅시다.

멍! 포인트
반려견을 지킬 수 있는 건 견주뿐!
지금 '준비' 합시다.

싫어해서 걱정이에요!
개에게 약을 먹이는 비결

약을 잘 감추기

개가 몸이 안 좋아 약을 먹일 때는 어떻게 하고 있나요? 평소 사료에 약을 섞어도 약만 남기거나 경계심이 강한 아이는 오히려 사료를 잘 먹지 않을 수 있습니다. 개가 약을 먹지 않을 때는 다음과 같은 방법을 활용해 보기 바랍니다.

첫 번째는 간식이나 고기 안에 숨기는 방법입니다. 닭가슴살이나 습식 사료 등 냄새가 강한 음식에 약을 숨겨서 먹게 합니다. 경계심이 강한 아이는 약을 숨긴 고기를 먹인 후, 곧바로 약을 넣지 않은 고기를 주는 방식으로 의심하는 시간을 주지 않습니다.

약을 숨길 만한 구멍이 있는 간식이나, 점토처럼 약을 감싸는 타입의 투약 보조용 간식, 페이스트 형태의 짜 먹는 무른 음식을 활용하는 것도 추천합니다. 약을 가진 손으로 간식을 만지면 약 냄새가 묻어 싫어합니다. 약은 맨손으로 집지 말고 핀셋이나 고무장갑을 사용해서 눈치를 못 채도록 합시다. 투약용 간식을 약을 먹일 때만 주면 경계할 수 있으니 투약하

간식이나 고기에 숨겨요

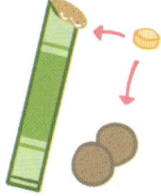

약의 존재를 잘 모르도록 고기나 향이 강한 간식 속에 약을 숨겨 먹게 합시다. 투약용 페이스트나 젤도 활용합시다!

사료 속에 섞어요

식욕이 좋은 개는 사료 속에 약을 넣어도 모르고 잘 먹습니다. 약이 딱딱하면 수의사에게 잘게 부숴 달라고 하고 안전한지 확인합시다.

입을 닫은 채 목을 쓰다듬어 주세요

개의 입속에 약을 넣었다면 손으로 입을 닫은 채 목을 쓰다듬거나 코에 바람을 불어서 약을 삼키게 합시다.

개의 입속에 직접 넣어 주세요

간식에 넣어 감췄지만 먹지 않는다면 약을 직접 입에 넣습니다. 앞쪽에 넣으면 토할 수 있으니 혀뿌리 부근에 넣어 줍시다.

지 않을 때도 먹여서 익숙해지도록 합시다.

대로 목을 쓰다듬으면 개가 알아서 약을 삼킵니다. 꿀꺽하고 삼켰다면 손을 뗍시다.

개의 입에 직접 넣기

완벽하게 감췄다고 생각했지만, 어떻게든 약을 발견해 먹지 않는다면, 직접 개의 입에 약을 넣어 주는 것이 확실합니다. 평소 쓰는 손이 아닌 쪽의 엄지와 검지로 개의 위턱을 잡고, 잘 쓰는 손으로 개의 입을 열어서 혀뿌리 끝에 직접 약을 넣습니다. 약을 넣은 손으로 입을 닫고 그

멍! 포인트

약을 준비할 때 개가 보지 못하는 장소에서 빨리 준비합시다.

그냥 둘 수 없어요!
건조해서 거칠어진
발바닥 패드

발바닥 패드가 건조한 이유

포동포동 탄력이 있던 발바닥 패드가 거칠어지고 건조한 때가 있습니다. 나이가 들어 건조해졌거나, 산책 후 매일 너무 씻었다거나, 개가 발을 핥아서 염증이 생겼기 때문입니다.

건조함이 심해지면 약간의 자극에도 상처를 입어 출혈이 발생합니다. <mark>더 나빠지기 전에 발바닥 패드용 전용 크림이나, 유아용 백색 바셀린으로 보습합시다.</mark> 사람용 크림에는 향료나 알코올이 포함되어 있으니, 개에게 사용하는 것은 위험합니다.

발바닥 패드 혈관에 숨겨진 비밀

발바닥 패드는 두껍고 탄력이 있어 충격을 완화하는 쿠션 역할을 하고 표면의 거친 질감은 미끄럼을 막아 줍니다.

추운 겨울이나 눈 오는 날에도 개가 맨

발로 걸을 수 있는 것은 발바닥 패드 안의 동맥과 정맥이 가까이 있는 덕분입니다. 차가운 발바닥도 동맥의 따뜻한 혈액이 정맥을 데워 체온을 유지합니다.

멍! 포인트

발바닥 패드가 건조하거나 갈라지지는 않았는지 정기적으로 점검합시다.

추운 날도 맨발로 괜찮아!

개의 발바닥 패드 내부는 동맥과 정맥이 나란히 있어서 혈관끼리 커버가 가능합니다. 이렇게 적절한 온도를 유지할 수 있습니다.

세 살 이상의 개, 80%가 치주병!

개는 충치가 잘 안 생기지만…

반려견의 이빨을 닦아주나요? 사실 3살 이상의 개 중, 약 80%가 치주병 위험군이라는 조사 결과가 있습니다.

개에게 치주병은 흔한 병인데 그 이유는 타액입니다. 사람의 타액이 중성~약산성이라면, 개는 알칼리성입니다. 구내 환경이 알칼리성이면 충치가 활동하기 어렵습니다. 그래서 개는 충치가 잘 생기지 않습니다.

반면, 치아의 떼(치구)가 치석이 되는 데 걸리는 시간은 3~5일 정도로 짧습니다(사람은 약 20일 걸립니다). 치구와 치석은 둘 다 치주병을 악화시킵니다. 특히 치석은 칫솔질로 제거할 수 없고, 치석이 빠르게 생기는 개의 입안은 치주병이 발생하기 쉬운 환경이 됩니다.

치주병을 예방하려면 하루에 한 번은 이를 닦아야 합니다. 칫솔질을 싫어하는 아이라도 치석화를 방지하려면 3일에 한 번은 열심히 닦아야 합니다. 싫어하는 아이는 거즈를 만 손가락으로 닦아주어도 괜찮습니다.

간식을 주면서 입 주변을 만져서 익숙해지게 합니다. 닭이나 바닐라 등 맛이 들어간 치약을 쓰면 좋습니다. 특히 개가 좋아하는 맛을 첨가한 치약 아이템을 추천합니다.

멍! 포인트

입 냄새나 치석이 쌓이고, 침에 피가 섞였다면 치주병의 사인

껌은 칫솔의 보조 아이템으로 사용해요

잇몸 사이의 더러움은 칫솔질을 해야 없어집니다. 칫솔용 껌이나 덴탈토이를 활용해 칫솔도 시도해 봅시다.

당신의 반려견은
사람 나이로 몇 살?

'우리 개는 사람이라면 몇 살?'
이 부분이 궁금한 견주 분들이 많을 것입니다.
개의 나이를 사람의 나이로 환산하는 방법은
여러 가지 설이 있지만, 이어서 소개하는 환산표는
그저 하나의 예시입니다. 한번 확인해 보세요.

출생 년수	소형견	중형견	대형견
1년	16세	15세	12세
2년	24세	23세	19세
3년	28세	28세	26세
4년	32세	33세	33세
5년	36세	38세	40세
6년	40세	43세	47세
7년	44세	48세	54세
8년	48세	53세	61세
9년	52세	58세	68세
10년	56세	63세	75세

체격 차이에 따라 1년마다 나이를 먹는 속도는 달라집니다. 나이를 먹는 속도가 가장 느린 소형견도 몸이 다 성장한 2년 이후에는 1년에 4살 정도의 속도로 나이를 먹습니다.

또한, 나이는 같아도 타고난 체질이나 생활 환경에 따라 노화의 진행 속도가 다릅니다. 숫자에 얽매이지 말고, 평소 반려견의 모습을 관찰하면서 변화를 미리 알아챕시다.

사람보다 수명이 짧은 개는 매일이 의미 있는 시간입니다. 그 시간을 우리는 가능하면 반려견과 함께 즐겁게 지내고 싶다는 소망이 있습니다.

출생 년수	소형견	중형견	대형견
11년	60세	68세	82세
12년	64세	73세	89세
13년	68세	78세	96세
14년	72세	83세	103세
15년	76세	88세	108세
16년	80세	93세	117세
17년	84세	98세	124세
18년	88세	103세	131세
19년	92세	108세	138세
20년	96세	113세	145세

Part 4

개의 식사

잘 먹고 함께
오래 살자!

어떤 타입을 주식으로?
개 사료 타입

목적별로 네 종류

사료는 주식이나 간식 등 목적별로 '종합영양식', '간식', '처방식 사료', '그 외의 목적식(일반식 등)의 네 종류가 있습니다.

종합영양식은 나이나 성장 단계에 맞게 몸에 필요한 영양이 균형 있게 들어 있습니다. 주식으로 이용한다면, 나중에 물만 잘 주면 영양 불균형이 될 위험은 없습니다.

대부분의 건식 사료가 여기에 해당합

니다.

간식은 과자나 보상 목적으로 소량씩 주는 것이 목적입니다. 육포나 트릿, 쿠키 등 종류는 아주 다양합니다. 영양 보급보다 맛에 중점을 둔 것이라 주식으로 사용하면 안 됩니다. 영양 불균형이 될 수 있고 칼로리를 너무 섭취하게 됩니다. 하루의 급여량을 지키고 준만큼 밥의 양을 줄여서 칼로리를 많이 섭취하지 않도록 조절합시다.

처방식 사료는 특정 병이나 증상이 있는 개를 영양학적으로 도와주는 목적으

간식은 급여량을 반드시 지키기!

기호성이 높은 간식용 음식은 개에게 인기가 많습니다. 급여량을 지키고 간식을 준만큼 밥의 양을 줄입시다.

주식으로 이용할 수 있는 종합영양식

패키지의 원재료 란에 '종합영양식' 표시가 있으면 하루에 필요한 영양이 균형 맞게 포함되어 있습니다.

처방식 사료는 자가 판단으로 사용하지 않기

감량이나 관절 보조 등 특정 건강 상태에 맞춘 제품이므로 사용하려면 반드시 수의사의 지도를 받는 것이 좋습니다.

로 만들었습니다. 특정 건강 상태에 맞춰 영양 균형이 조절된 음식으로 여기에 해당하지 않는 건강 상태의 개에게는 영양 과부족이 발생할 위험이 있습니다. 자가 판단으로 사용하지 말고 반드시 수의사의 지도를 받고 이용합시다.

그 외의 목적식은 특정 영양이나 칼로리 보급의 영양 보조식, 기호성을 높인 토핑 파우더나 간식 타입 등이 있습니다. 원재료 란에 종합 영양 표시가 없는 습식 사료 등은 일반식으로도 표시되어 있어서 하루에 필요한 영양을 전부 채워줄

수 없습니다. 따라서 주식용으로는 맞지 않습니다. 토핑으로만 이용합시다.

멍! 포인트

목적에 맞는 사료나 간식을 활용합시다.

사료는 개와의 상성이 핵심!

사료마다 상성이 있다

현재 급여 중인 사료가 반려견에게 잘 맞는지 걱정이 될 겁니다. 원재료의 품질이 좋고 평판도 괜찮은 사료여도 개와 맞지 않으면 먹지 않습니다. 심지어 컨디션을 망가뜨리는 원인이기도 합니다. 사료와의 상성은 개의 건강 상태에 영향을 주므로 다음 포인트를 확인합시다.

잘 맞지 않는 사료는 소화에 시간이 걸립니다. 그리고 설사나 구토를 반복하며 피부에 붉은 기나 가려움증도 발생합니다. 영양 흡수도 충분치 않아 털이 윤기를 잃고 푸석푸석해지는 등 변화가 생깁니다.

반대로 상성이 좋은 사료는 똥의 상태가 좋고 배변 활동이 원활하며 적정 체중을 유지할 수 있습니다. 또한 털에 윤기가 생겨 털의 결도 좋아집니다. 컨디션 변화는 털 상태에 바로 드러나므로 평소에 꼼꼼히 확인하는 습관을 들입시다.

개의 몸에 있는 세포는 약 3개월 안에 재생성된다고 합니다. 설사나 구토 등의 컨디션 난조가 없다면, 같은 음식을 3개월 시험해 보고 몸에 좋은 변화가 나타나는지 확인해 주세요.

멍! 포인트
> 털의 결이나 컨디션을 확인하면서 잘 맞는 사료를 발견합시다.

사료와의 상성은 나이나 컨디션이 변하면 달라져요

지금까지는 잘 맞았더라도 나이가 들거나 컨디션이 변하면 맞지 않게 될 수 있습니다. 털의 결이 나빠졌다면 사료를 다시 검토합시다.

사료는 천천히 바꾸기

배에 부담 주지 말기

기존에 먹던 사료를 갑자기 다른 종류로 변경하면 개는 그것만으로도 스트레스를 받습니다. 강아지나 노견, 배가 약한 개는 설사나 구토를 할 수도 있으니 배에 부담을 주지 않도록 일주일에서 열흘 정도의 시간을 들여 새로운 사료에 익숙해지도록 하는 것이 중요합니다.

처음에는 기존 사료를 90%, 새로운 사료를 10% 비율로 섞어주고, 식욕이나 컨디션에 변화가 없는지 확인합니다. 문제가 없다면 다음날에는 기존 사료를 80%, 새로운 사료를 20% 비율로 섞어서, 날마다 조금씩 새로운 사료의 비율을 늘립시다. 건식에서 습식으로 바꿀 경우, 사료에 포함된 수분량의 차이가 커서 급여량 자체도 약 3배로 증가합니다. 그러니 신중하게 시도합시다. 배가 약한 개는 새로운 사료를 10% 섞은 상태로 며칠 동안 주는 등, 변경 시간을 오래 잡아도 좋습니다. 나이가 들면 소화 기능이 떨어집니다. 그러므로 이전에는 문제가 없던 개라도 사료를 바꿀 때는 신경을 써야 합니다.

멍! 포인트

식욕이나 똥의 상태를 확인하면서 바꿔 봅시다.

새로운 사료의 비율은 조금씩 늘릴 것

9:1   7:3   5:5

배에 부담을 주지 않도록 일주일에서 열흘 정도의 시간을 들여 새로운 사료에 익숙해지도록 합시다.

그 사료로 영양이
충분할까?

개에게 적당한 영양은?

원재료가 같은 사료라도 칼로리나 단백질 비율은 천차만별입니다. 고칼로리 사료는 한 알에 들어 있는 영양가가 높아 적은 양을 먹어도 영양을 충분히 섭취할 수 있습니다. 그러나 먹성이 좋은 개는 양이 적어 포만감을 느끼지 못합니다. 한편 저칼로리 사료는 하루 급여량이 고칼로리 사료보다 많아서 포만감이 있습니다. 시판 중인 반려견 사료를 독자적으로 조사했더니 일반적인 사료의 표준

칼로리는 100g 당 360~380kcal이었습니다. 식욕이 좋은 개라면 360kcal 이하의 사료를 선택해 주면 정해진 급여량으로도 포만감을 느낍니다. 입이 짧은 개는 양이 적어도 에너지를 보충할 수 있는 380kcal 이상의 사료를 선택합시다.

단백질은 근육이나 털, 피부, 장기, 호르몬 등 몸 전체 세포의 원천이 되는 중요한 영양소입니다. 사료의 영양 기준을 정하는 AAFCO(Association of American Feed Control Officials, 미국 사료 관리 협회)에서 정한 하루에 필요한 최소 단백질

고칼로리 사료는 한 알당 영양가가 높아서, 입이 짧은 개도 적은 양으로 몸에 필요한 영양을 섭취할 수 있습니다.

저칼로리 사료는 웬만한 양을 먹지 않으면 하루에 필요한 에너지를 섭취할 수 없습니다. 그러니 식욕이 왕성한 개에게 추천합니다.

은 성견 18% 이상, 강아지는 22% 이상입니다. 최근에는 고단백질의 식사가 주류이지만, 최적의 비율은 개마다 다릅니다. 단백질 함량 24~27%를 기준으로, 털 상태와 건강 상태에 맞는 최적의 사료를 선택해 봅시다.

　지질 표준치는 12~15%. 피부나 털의 건강에 꼭 필요한 오메가3와 오메가6, 이 두 종류의 지방산이 포함된 것을 선택합시다.

멍! 포인트

사료 선택이 어렵다면, 영양 균형을 비교해 봅시다.

Part
4
개의 식사

갑자기 사료를
먹지 않는다면?

스트레스나 변덕이 원인?

개가 갑자기 밥을 먹지 않는다면 컨디션은 괜찮은지 구토나 설사, 몸이 떨리진 않는지를 확인합시다. 기력도 있고 특별히 이상한 증상이 없다면 스트레스나 변덕, 계절의 영향 등의 이유를 생각해 볼 수 있습니다.

이사와 같은 환경 변화, 갑작스러운 사료 변경, 견주의 기분 등 스트레스의 원인은 다양합니다. 실내 배변을 못 하는 개는 화장실을 너무 참으면 밥을 먹지 않기도

합니다. 걱정이 된다고 간식을 주다 보면 밥을 먹지 않고 기다리면 간식을 받을 수 있다고 학습해서 식사를 거부하기도 합니다.

여름이면 식욕이 부진

추운 계절은 체온을 유지하기 위해 에너지가 많이 필요해서 식욕이 늘어납니다. 반대로 여름에는 체온 유지에 소비하는 에너지가 적어지므로 겨울보다 식욕이 쉽게 떨어집니다.

간식을 너무 주지 마세요

간식을 너무 많이 주면 배가 고프지 않습니다. 혀가 간식의 맛을 알아버려 사료만으로는 만족하지 못하는 경우도 있습니다.

우선, 기력을 확인해 주세요

컨디션이 나빠서 밥을 먹지 않는지 아니면 변덕으로 입맛이 없어서 밥을 먹지 않는 것인지 확인합시다.

밥을 주고 20분 후에는 정리해요

젖을 때 안 먹으면 이 이후에는 밥을 못 먹을 거라는 사실을 알려 줍시다. 사료를 담은 접시는 개가 먹지 않아도 20분 후에는 정리합시다.

밥을 먹게 하려면?

한 칭찬을 해 줍시다.

개는 향이 강한 것을 좋아합니다. 음식을 미지근한 물로 불려놓던가, 전자레인지로 살짝 따뜻하게 데워 향을 강하게 만듭시다. 건식 사료는 수분이 적어서 전자레인지로 데울 때, 물을 조금 추가하면 균일하게 따뜻해집니다.

밥을 준 후에는 개의 모습을 살펴봐야 합니다. 개도 견주가 주는 방법을 보고 있습니다. 그러니 '밥은 이것뿐이야!' 라는 태도로 줍시다. 개가 밥을 먹었다면 충분

멍! 포인트

개의 모습을 관찰해 밥을 먹지 않는 이유를 알아냅시다.

사료는 개봉 후,
반드시 밀폐!

열자마자 산화

사료는 개봉하자마자 산화하고 부패하기 때문에 보관 상태가 나쁘면 영양이 손상될 수 있습니다.

건식 타입의 사료는 처음 개봉했을 때 지퍼가 달린 소분 봉투에 며칠 분을 넣어 밀폐 용기에 보관하면 공기에 닿는 횟수를 줄일 수 있습니다. 사료통 등의 밀폐 용기로 바꿔서 보존할 경우 투명한 것보다 색이 있는 편이 빛에 의한 산화를 막습니다. 공기에 의한 산화를 철저하게 막으려면 진공 상태로 만들 수 있는 용기나 진공 포장기 등을 사용하는 것을 추천합니다. 음식을 담은 봉지를 그대로 보관할 경우 한 달 이내에 다 먹을 만큼의 양을 넣고 공기를 제대로 빼는 것을 잊지 맙시다.

건식 사료는 상온 보존

건식 사료는 기본적으로 개봉 후에도 상온 보존입니다. 냉장 보관은 피합시다.

식사 준비를 할 때마다 음식을 냉장고에서 꺼내면, 실온과 온도 차이로 봉지 내부에 결로가 발생하여 곰팡이가 생기기

소분 봉투나 밀폐용기로 보관합시다

공기 접촉 기회를 줄이려면 지퍼가 붙은 봉투로 소분하거나, 밀폐 용기에 담아 보관합시다.

열자마자 산화된다

사료는 봉지를 연 순간부터 산화가 진행됩니다. 가능한 공기가 닿지 않도록 보관해 신선도를 유지하는 것이 중요합니다.

습식 사료는 이틀 안에 다 먹기

습식 사료는 수분량이 많아서 개봉 후에는 쉽게 부패합니다. 냉장고에 보관하고 개봉하고 이틀 안에 다 먹읍시다.

쉽습니다. 제품 자체에서 냉장고 보관하라는 안내가 없는 한, 직사광선이 닿지 않는 서늘하고 어두운 곳에서 보관합시다.

습식 사료의 경우

개봉하기 전의 습식 사료는 상온 보존이 가능하지만, 개봉 후에는 수분량이 많아 쉽게 부패하니 냉장 보관해야 합니다. 개봉한 당일이나 최대 이틀 이내에 다 먹어야 합니다. 빨리 먹을 수 없다면 한 끼 정도의 양으로 나눠서 냉장고에 보관합시다.

멍! 포인트

반려견이 한 번에 먹을 수 있는 적정량을 제대로 파악하고 보관합시다.

165

개가 마시는 물은
하루에 몇 번 갈아야 할까?

타액이 섞인 물은 위험

개가 마시는 물을 하루에 몇 번 갈아 주고 있나요? 꼬박 하루 동안 물을 갈아 주지 않으면 타액이나 음식 찌꺼기가 섞여서 잡균이 번식하기 쉬워집니다.

항상 신선한 물을 마실 수 있도록 해 주는 것이 가장 좋지만, 현실적으로는 쉽지 않습니다. 다음과 같은 타이밍에 물을 갈아 주는 습관을 들입시다.

식사나 산책에서 돌아오면 갈증을 해소하기 위해 물을 자주 마십니다. 그래서 그 전에 물을 교환해 두어 곧바로 마실 수 있도록 합시다. 식사하자마자 마시면 마실 물에 음식 찌꺼기가 섞여 버려서 잡균이 늘어날 수 있습니다.

다 마신 후에는 다시 새로운 물로 교환하면 좋습니다. 한 마리 이상을 키우는 집에서는 더러운 물을 마시기 싫어하는 개도 있습니다. 그러니 다른 개가 물을 마시는 모습을 보았다면, 새로운 물로 바꿔주는 습관을 들입시다.

한 마리 이상을 키운다면, 물을 자주 교환하는 것이 중요

물은 한 모금이라도 마시면 타액이 섞입니다. 남이 마신 물을 싫어해 마시지 않는 개도 있습니다. 한 마리 이상을 키운다면 되도록 물을 자주 바꿔 주세요.

음식 찌꺼기가 섞이면 균이 증식!

식후에 마신 물에는 음식 찌꺼기가 떠 있기도 합니다. 균이 증식하지 않도록 새로운 물로 교환합시다.

하루에 한 번 물그릇도 씻자!

물그릇이나 급수용 병도 하루에 한 번은 제대로 씻어서 청결을 유지합시다.

하루에 한 번은 물그릇을 씻자

외출로 오랜 시간 갈 수 없는 상황이거나, 취침 전이나 귀가 후, 그리고 기상 후에도 물을 갈아줄 타이밍입니다. 물을 자주 갈아주기 어렵다면 소독 처리로 세균 번식이 억제된 수돗물을 사용하는 것이 좋습니다.

물을 넣는 그릇도 교환할 때 간단히 씻어야 합니다. 하루에 한 번 제대로 닦아서 청결하게 유지합시다. 햇빛이 닿는 장소에 두면 빨리 상하므로 물을 마시는 장소는 햇빛이 잘 들지 않는 곳을 선택해 주세요.

멍기 포인트

개가 늘 깨끗한 물을 마실 수 있도록 물을 자주 갈아 주는 습관을 들입시다.

마시는 물은 미네랄워터보다 수돗물이 굿!

수돗물은 균이 증식하기 어렵다

수돗물이나 미네랄워터 모두 개가 마셔도 괜찮습니다. 그러나 훨씬 안전성이 높은 것은 수돗물입니다. 수돗물은 미네랄워터보다 엄격하게 수질 검사를 끝냈으며, 염소로 살균되어 있어서 잡균이 번식하기 어렵다는 장점이 있습니다. 외출이나 취침 시 등 물을 자주 갈아줄 수 없을 때 특히 추천합니다.

수돗물에는 잔류하는 염소의 영향을 걱정하는 의견도 있습니다. 그러나 WHO(세계보건기구)의 염소 가이드라인 5mg/L보다 현저히 낮은 수치입니다 (우리나라의 수돗물 농도는 최소0.1~4.0 mg/L이고, 대부분의 정수장은 0.2~0.5 mg/L 수준으로 관리합니다). WHO 권고 기준과 비슷하거나 낮은 편이므로 몸에 끼치는 영향은 걱정하지 않아도 됩니다. 소독약 냄새는 펄펄 끓이면 냄새를 없앨 수 있지만 가열하면 균의 증식을 막는 염소도 날아가기 때문에, 가열 전보다 잡균이 증식하기 쉬워집니다. 정수기 물도 마찬가지로 염소가 제거된 것이므로 잡균

미네랄워터는 미네랄이 적은 물을 고릅시다

미네랄 함유량이 120mg/L 이하인 연수라면 과잉 섭취해도 걱정이 없습니다. 잡균 효과는 수돗물보다 훨씬 낮으니 자주 갈아 줍시다.

수돗물은 장시간 바꿔 주지 못해도 안심

수돗물은 염소 살균이 되어 있어서 균이 증식하기 어렵습니다. 개와 같이 외출했을 때, 물을 갈지 못해도 걱정없습니다.

레몬수나 탄산수는 마시는 물로 부적합

개의 후각이 예민하다면 레몬수는 마실 물로 좋지 않습니다. 탄산수도 건강에 문제는 없지만 일부러 줄 필요는 없습니다.

효과는 낮습니다. 그러니 자주 갈아 줍시다.

경수보다 연수를 선택합시다

미네랄워터는 칼슘이나 마그네슘 등 미네랄 함유량에 따라 경수(硬水)와 연수, 두 종류로 나뉩니다. 그러나 개의 몸에 필요한 미네랄은 소량이므로 평소에 경수를 마신다면, 칼슘이나 마그네슘 등의 미네랄을 과잉 섭취할 수 있습니다. 경수는 요석증(과잉 미네랄로 인한 방광이나 신장에 결석이 생기는 병)의 직접적

인 원인이기도 합니다. 그러니 과잉 섭취를 방지하려면 미네랄 함유량이 적은 연수를 선택합시다.

멍! 포인트

자주 물을 갈아 줄 수 없을 때는, 수돗물을 추천합니다.

건강을 지키려면 물은 필수!

하루에 필요한 물의 양은?

하루 동안 개에게 필요한 물의 양은 체중 1kg 당 50~60㎖가 기준입니다. 반려견이 알아서 물을 마시지 않는다면, 다음과 같은 방법을 시도합시다.

우선 음수 장소를 늘려 줍시다. 음수 장소가 하나뿐이라면, 목이 말라도 귀찮아서 가지 않는 경우가 있습니다. 주로 나이가 들수록 이러한 경향이 심합니다. 그러니 거실이나 침실, 복도 등, 좋아하는 장소에서 마실 수 있도록 준비해 둡시다.

사료를 미지근한 물이나 닭고기를 삶은 물로 불리거나 섭식 사료를 섞어 주는 등 식사와 함께 수분을 보충하면 음수량을 쉽게 늘릴 수 있습니다. 습식 사료는 70% 이상이 수분입니다. 주식으로 주면 물을 마시는 양이 적어집니다. 젤라틴이나 한천을 물에 불린 후, 잘 식혀서 굳히면 물 젤리를 쉽게 만들 수 있습니다. 닭고기, 가츠오부시, 사과 등 개가 좋아하는 음식을 섞어서 여름 간식으로 줍시다.

멍! 포인트

추운 계절에는 찬물 대신에 따뜻한 물을 준비하면 좋습니다.

식사와 함께 수분을 보충시켜 줍시다

닭육수로 국물이나, 습식 사료 등 개가 즐겁게 섭취할 수 있는 방법으로 음수량을 늘려 줍시다.

레몬 냄새,
별로에요!

식초나 겨자도?

사람에게는 좋은 냄새여도 개에게는 자극이 강한 냄새가 있습니다. 대표적으로 식초 냄새가 그렇습니다. 야생 시절에는 신맛이 나는 음식은 썩었거나 독성이 있다고 판단했습니다. 그래서 시큼한 냄새를 싫어합니다. 레몬이나 귤 등의 감귤류도 껍질에 들어 있는 감귤 정유가 코를 자극해서 불쾌하게 느낍니다. 달콤함이 강한 귤은 시큼한 냄새가 덜해서 싫어하지 않고 먹는 개도 있습니다. 귤의 흰 줄기나 껍질은 식이 섬유가 많아 소화가 어렵습니다. 열매 부분만을 먹입시다.

후추나 고춧가루는 냄새와 맛, 둘 다 자극이 강해서 자칫 입에 넣으면 간 기능 장애를 일으킬 위험이 있습니다. 둥글게 자른 고추나 향신료를 주방 바닥에 떨어뜨리지 않도록 조심합시다. 겨자나 시나몬 냄새는 기피제로 사용되는 향인만큼 싫어합니다.

알코올이나 담배, 살충제는 자극이 강해서 개 옆에서 사용하지 않아야 합니다. 담배 연기는 개의 코에 자극을 주어 재채기를 나오게 합니다. 음주 후에는 얼굴을 가까이 대지 않도록 합시다.

멍! 포인트

물로 희석한 식초를 가구에 뿌리면 깨무는 버릇을 막을 수 있습니다.

코를 찌르는 냄새 때문에 재채기를 계속해요

알코올이나 담배, 살충제 등의 자극적인 냄새 때문에 재채기를 반복하기도 합니다.

유제품 중 치즈는
괜찮지만, 우유는 탈락

우유를 소화하지 못한다?

개에게 우유를 무턱대고 주면 안 됩니다. 사실 개는 우유를 잘 소화하지 못한다는 사실을 사람들이 잘 모르기 때문입니다. 개의 몸에는 우유에 포함된 유당을 분해하는 소화 효소(락타아제)가 적습니다. 그래서 우유를 마시면 설사나 구토를 할 수 있습니다. 사람도 우유를 마시면 배에서 소리가 나는 사람이 있습니다. 이 증상도 유당 불내증과 같습니다.

강아지 시절에는 모유 속 유당을 분해

할 수 있어 락타아제가 어느 정도 활성화되어 있습니다. 그래서 우유를 마셔도 성견에 비해 배가 아프지 않지만 성장하면서 락타아제가 감소하므로 방심하면 안 됩니다.

참고로 따뜻한 우유도 안 됩니다! 유당은 가열해도 분해되지 않습니다. 단 물로 희석하면 상대적으로 유당의 양을 줄일 수 있어서 그대로 주는 것보다 영향이 적습니다. 개에게 어떻게든 우유를 마시게 하고 싶다면 개 전용 우유나 산양 우유를 줍시다. 처음 줄 때 티스푼 정도의 양을

요구르트나 코티지치즈는 OK!

요구르트는 무당 타입, 치즈는 강아지 전용이나 유지방과 염분이 적은 코티지치즈라면 개에게 주어도 괜찮습니다.

개 전용 우유나 산양 우유라면 안심

개전용 우유나 산양 우유는 유당이 적어서 개에게도 안심하고 줄 수 있습니다.

따뜻하게 데운 우유라도 탈락!

유당은 가열해도 분해되지 않습니다. 그러니 데워서 주면 안 됩니다. 물을 섞어 희석하면 유당 섭취량을 조절할 수 있습니다.

마시게 하고 알레르기 반응이 없는지 확인합시다. 우유는 고칼로리여서 매일 마시면 체중이 증가합니다.

다른 유제품은?

요구르트나 치즈는 유당이 적어서 개가 먹어도 괜찮습니다. 요구르트에 포함된 유산균이나 비피더스균은 장의 기능을 좋게 만들어 변비 예방에도 도움이 됩니다. 당분이 많은 가당 타입은 피하고 무당 타입을 선택합시다. 단, 사람용 치즈는 염분이 많아서 안 됩니다.

멍! 포인트

우유는 개전용이나, 산양 우유를 줍시다.

목에 걸리면 위험!
개 전용 껌을
안전하게 주는 방법

개 전용 껌을 주는 안전한 방법

개 전용 껌은 스트레스 해소나 치아 건강에 도움이 되는 아이템입니다. 그런데 개가 잘못해서 껌을 통째로 삼켜 버리면 목이나 장에 걸려서 호흡 곤란이나 장폐색을 일으킬 수 있습니다. 수술이 필요한 경우도 있는 만큼 위험하니, 개에게 껌을 주었다면 눈을 떼지 말고 항상 지켜봅시다.

껌의 크기는 개가 삼키지 못할 정도로 큰 것을 골라야 하며 강아지나 노령견, 소형견에게는 너무 딱딱한 껌은 주지 않아야 합니다. 힘으로 씹으면 이빨이 부러지기도 합니다. 끈적거리는 타입의 칫솔용 껌은 견주가 한 손으로 쥐고 한쪽은 개가 알아서 씹도록 하면 한 번에 다 삼킬 걱정은 없습니다. 개의 안쪽 이빨 근처에는 타액 분비선이 있어 음식물 찌꺼기와 타액이 섞이며 이빨에 불순물이 잘 끼게 됩니다. 그러니 안쪽 치아를 중심으로 씹을 수 있도록 합시다.

소가죽 껌은 계속 깨물어서 부드러워지면 한 번에 삼킬 수 있으니 웬만큼 씹었다면 빼앗는 것이 좋습니다. 부드러워진

껌을 통째로 삼키면 위험!

삼킨 껌은 무사히 소화되기도 하지만 설사나 구토, 호흡 곤란, 장폐색 등, 다양한 위험이 발생할 수 있습니다.

손에 든 채로 씹게 하면 안심

껌을 한 번에 삼키는 걸 막으려면, 껌을 견주가 한 손에 쥔 채, 개가 씹도록 하는 방법이 가장 안전합니다.

==껌을 입속으로 넣었다 뺐다 하는 건, 삼키기 직전의 신호입니다.== 갑자기 빼앗으려고 하면 개도 당황해서 삼킬 수 있으니 개의 흥미를 간식이나 장난감으로 돌리고 그사이 재빨리 빼냅시다.

껌만으로 치아 관리는 불충분!

껌은 어디까지나 치아 관리의 보조제 역할만 합니다. 칫솔이나 양치 시트와 병용합시다. 개가 씹던 껌에 피가 묻어 있다면, 잇몸에 염증이 있거나 치주염을 의심할 수 있습니다.

빨리 수의사와 상담합시다.

멍! 포인트

반려견이 껌을 씹고 있다면, 절대 눈을 떼지 말기!

음식을 한입에 꿀꺽! 이렇게 먹어도 괜찮나요?

독특한 방법으로 먹는 이유는?

개들 중에는 접시에서 사료를 한 알씩 꺼내거나 음식을 입 한가득 넣은 채 돌아다니면서 다른 장소에서 뱉어서 다시 먹는 등, 독특한 방법으로 먹는 개도 있습니다. 어떻게 봐도 신기한 행동입니다. 그런데 이 행동은 그저 안심하고 먹을 수 있는 장소로 옮기는 것일 뿐이며 대부분 그 개가 가지고 있는 고유의 식습관입니다. 개가 작은 그릇에서 조금씩 먹는 게 귀찮아서 접시를 뒤집으면 골치는 아프지만, 제대로 밥을 먹는다면 걱정할 필요는 없습니다.

씹지 않아도 괜찮아요!

사람이 음식을 입안에 넣고 씹는 이유는 타액에 함유된 소화 효소(아밀라아제)와 음식을 섞어서 소화를 돕기 위해서입니다. 반면 개의 타액에는 소화 효소가 포함되어 있지 않습니다. 개가 음식을 씹는 이유는 삼키기 편하도록 만들기 위해서일 뿐입니다. 쉽게 삼킬 수 있는 크기라면 한 번에 삼켜도 문제는 없습니다. 그러나 빨리 먹는 버릇이 있는 개는 그 버릇을 고칠 수 있도록 음식을 불려서 목에 걸리지 않도록 하는 등 주의를 기울입시다.

멍! 포인트

특이하게 먹는 것 같아도 그저 개의 식습관일 뿐입니다. 따뜻한 눈으로 지켜봐 줍시다.

씹을 필요가 없어도 빨리 먹는 건 조심!

사료처럼 작은 음식물은 씹지 않고 삼켜도 문제없습니다. 그러나 빨리 먹거나 목에 걸리지 않도록 조심합시다.

개도 건강식으로
채소를 먹어야 할까?

채소는 간식의 일부

개들 중에는 고구마나 브로콜리 등 채소를 좋아하는 아이가 많습니다. 사료를 주식으로 주고 있다면 영양 보급 목적으로 채소를 줄 필요는 없습니다. 종합 영양식인 사료는 개에게 하루에 필요한 영양을 균형 좋게 섭취할 수 있도록 조절한 것입니다. 그러니 개에게 채소를 줄 경우 간식의 일부로 식사 전체의 10~20% 이하로 줍시다.

당근이나 옥수수 알갱이는 소화가 어렵고 형태 그대로 똥에 섞여 나오기도 합니다. 개는 사람과 마찬가지로 잡식이지만 정확히는 육식보다 잡식인 사람에 비해 장이 짧고 채소에 풍부한 식이 섬유를 잘 분해하지 못합니다. 그래서 채소의 심이 남아있는 상태 그대로 주면 잘 소화하지 못하고 그대로 배출하기도 합니다. 섬유질이 많은 채소를 너무 주면 소화를 잘 못해 배가 아프기도 합니다. 당근이나 고

구마 등의 근채류는 심을 제거하여 충분히 가열하거나 잘게 갈아 줍시다.

> **멍! 포인트**
>
> 채소는 간식이라 생각하기! 일부러 주지 않아도 큰 문제는 없습니다.

고구마는 너무
주지 않도록 조심!

부드럽고 달콤한 맛있는 군고구마를 좋아하는 개가 많습니다. 그런데 당질이 많아서 많이 주면 비만의 원인이 되므로 조심합시다!

자기 똥을 왜 먹을까?

식분증이 낫지 않는 이유

개가 자기 똥을 먹어버리는 행위(식분(食糞))는 사실 흔합니다. 야생 시절에는 외부의 적으로부터 은신처를 들키지 않도록 어미 견이 강아지의 똥을 먹었습니다. 그래서 강아지도 그것을 보고 자기 똥을 먹었는데 그것의 흔적입니다. 성장하면서 대부분 자연스럽게 없어지지만 성견이 되어도 이 행동이 남은 경우는 다음과 같은 증상이 의심되니 주의합시다.

놀이나 산책이 부족하고 심심하면 흥미 위주로 똥을 입에 넣기도 합니다. 똥이 잘게 뿌려져 있다면 똥을 장난감처럼 가지고 놀 가능성이 큽니다.

외출하기 전에는 산책으로 체력을 다 쓰고 배변도 끝내도록 합시다.

과잉 반응은 역효과

견주와 놀고 싶은 마음에 똥을 먹기도 합니다. 식분 현장을 목격해도 당황해서 달려들거나 큰 목소리를 내지 말고, 조용히 정리합시다. 식분 행동을 혼내면 이 다음부터 똥을 싸면 혼난다고 착각해서 화

당황해서 정리하지 마세요!

똥을 급하게 치우려고 하면 개는 당황해서 먹기도 합니다. 간식이나 장난감으로 시선을 다른 곳을 돌린 후 얼른 치웁시다.

심심해서 먹어요

혼자 집에 있을 때 너무 심심해서 자기 똥을 먹기도 합니다. 외출 전에는 반드시 산책을 나가 배설을 끝내도록 합시다.

식사량을 재점검

사료의 양이 부족해서 공복을 채우기 위해서 또는 사료가 맞지 않아서 소화 불량이 생겨 똥을 먹기도 합니다.

똥을 먹어도 혼내지 않기

똥을 먹을 때 혼을 내면 배설 자체가 나쁜 행동이라고 오해할 수 있습니다. 식분을 부추기는 원인이 되므로 절대로 혼내지 맙시다.

장실이 아닌 장소에서 배설하거나 똥을 감추려고 매일 똥을 먹는 등 증상이 나빠집니다. 절대로 혼내지 말아야 합니다. 배설 후에 칭찬하고 간식을 주는 등 견주에게 배설을 보고하면 좋은 일이 생긴다는 것을 배우게 합시다.

밥의 양이 적거나 ==공복을 해소하기 위해 식분을 하기도 합니다.== 사료 봉지에 지정된 급여량은 어디까지나 기준이므로 개의 체중이나 바디라인을 보면서 음식량을 조절합시다.

멍! 포인트

과잉 반응은 개가 노리는 것! 냉정한 대응을

적당한 하루치 간식량은?

하루에 얼마나 주는지 알고 있나요?

하루에 간식을 얼마나 주고 있는지 알고 있나요? 우리가 보기에 양이 적어 보여도 사람의 몸보다 작은 개에게는 괜찮습니다.

간식은 맛에 중점을 둔 경우가 많아 과다 섭취하면 영양 불균형이 생길 수 있으니 적당히 주는 것이 좋습니다. 간식량은 하루 식사량 중, 전체의 10~20% 이하로 정할 것. 필요 이상으로 칼로리를 섭취하지 않도록 합시다. 간식을 너무 주었다면

그만큼 밥의 양을 줄여서 조절합시다.

양보다는 횟수가 중요!

개는 한 번에 많은 양을 주지 말고, 양은 적어도 자주 주는 것을 훨씬 좋아합니다. 한 번 주는 간식량은 적어도 문제없습니다. 교육 연습 때문에 간식을 몇 번씩 주는 상황이라면 새끼손가락 손톱 정도의 크기여도 충분합니다.

채소나 과일을 간식으로 줄 경우 한 입씩 손으로 주다 보면 전체 양을 파악하기

전체 간식량을 알려주기

개 전용 접시에 과일이나 채소를 넣으면 더는 조르지 않습니다.

간식은 전체 식사량의 20% 이하로 정해두기

칼로리 과잉 섭취를 막으려면 '밥+간식=하루에 필요한 칼로리'로 정해서 조절합시다.

어려워서 많이 줄 가능성이 있습니다. 개는 간식이 얼마나 있는지 모르기 때문에 계속 요구합니다.

채소나 과일은 한입 크기로 잘라서 식사용 접시에 놓아 줍시다. 주기 전에 개에게 전체 양을 보여 주면 '간식은 이 접시에 있는 것이 다구나' 라고 이해합니다. 그러면 그 이상은 요구하지 않습니다.

멍! 포인트

간식을 주었다면 반드시 밥의 양을 줄입시다.

밥을 먹기 전에 '기다려'를 하면 안된다고?

사실은 역효과!

개에게 음식을 주기 전, '기다려'를 오래 하지 않나요? 밥을 먹기 전에 하는 '기다려'는 어떤 장소에서 얌전히 있게 하는 '기다려'와 달리 보류 상태를 의미합니다.

예전에는 개를 주로 밖에서 길렀기 때문에 도둑이 주는 밥을 먹지 않도록 식사 전에는 견주의 신호가 있어야만 먹도록 '기다려' 훈련을 했습니다. 반면 실내에서 기르기 시작하면서 그러한 걱정이 없어졌기 때문에 식사 전 '기다려' 훈련은 거

의 의미가 없습니다.

당장 먹지 못하게 보류하면 더 먹고 싶어집니다. 그래서 '기다려'가 길어지면 견주의 신호가 떨어지자마자 음식을 한 입에 삼키는 등 빨리 먹는 행동을 하게 됩니다. 음식에 대한 집착이 강하면 견주가 접시에 손을 대기만 해도 화를 내기도 합니다.

밥을 먹기 전에 쉽게 흥분한다면 흥분을 가라앉히기 위해, 앉아! 훈련을 시켜도 좋습니다. 개의 시선보다 높은 위치에서 접시를 들고 있으면 개의 얼굴이 자연스

앉았다면, 바로 접시 놓기

개의 시선보다 높은 위치에서 접시를 들면 자연스럽
게 앉는 자세를 하게 됩니다. 개가 앉았다면 곧바로
접시를 놓읍시다.

레 위로 향하고 꼬리는 아래로 내려가 앉
는 자세가 됩니다. 얌전히 잘 앉았다면 접
시를 놓아 주세요.

멍! 포인트

밥을 먹기 전에 '기다려'를 많이
하면 빨리 먹는 행동을 유발할 수도!

Part 5

훨씬 즐거운

산책 매뉴얼

반려견과의 생활에서 빼놓을 수 없는 산책.
매너와 주의점을 배워서 훨씬
행복하게 지냅시다!

이것만큼은 지켜 줘요!
산책 매뉴얼

☑ 주변에 대한 배려가 중요!

반려견과 기분 좋게 산책하려면 주변을 배려해야 합니다.

개의 배설은 가능하면 주변 주택가에서 해결합시다. 실외 배변을 할 경우 다른 집이나 가게 앞 등 폐를 끼치는 장소는 피하는 것이 상식입니다. <mark>요즘에는 개의 소변을 물로 씻어내는 것이 일반적이지만 물을 너무 적게 사용하면 오히려 냄새나 자국이 번질 수 있습니다.</mark> 배설물의 냄새가 남은 장소는 다른 개도 같은 곳에 배설하기 때문에 마킹 포인트가 됩니다.

오줌을 물로 흘려보낸다면 물로 씻은 후, 남은 물기를 배변 시트로 닦읍시다. 또한 개가 배설 자세를 취할 타이밍에 뒤에서 배변 시트를 재빨리 깔아 줍시다. 이렇게 하면 땅을 더럽히지 않을 수 있습니다.

또한 당연히 배설물은 반드시 수거하여 귀가해야 합니다. 똥의 횟수나 상태는 몸의 상태에 따라 달라지니 <mark>배변 봉투는 최소 3~5장 정도 준비하면 걱정없습니다.</mark>

☑ 반드시 리드 줄을 착용합시다!

사고나 개를 잃어버리는 일을 막으려면 산책 중에는 반드시 리드 줄을 해야 합니다. 견주는 '우리 개는 괜찮아' 라고 생각할 수 있지만 아이나 고령자, 개를 무서워하는 사람은 리드 줄 없이 산책하는 모습을 보면 불안함이나 공포를 느낍니다.

개는 갑자기 큰소리가 나거나 위급상황이 발생하면 뛰쳐나갈 수 있습니다. 그러면 다른 사람을 보고 짖거나 물어서 상처를 입힐 위험이 있습니다. 리드 줄을 풀어도 되는 곳은 반려견 전용 운동장뿐입니다.

☑ 차도와 반대 방향으로 걷기

산책 중에는 통행에 방해가 되지 않도록 리드 줄을 짧게 잡고 <mark>개를 차도와 반대 방향 구석으로 걷게 합니다.</mark> 보행자

개의 오줌은 물로 씻었다고 끝난 게 아닙니다!

나 자전거와 마주칠 때는 견주가 보행자와 개 사이에 들어서서 개가 덤벼드는 것을 막읍시다.

또한 자전거를 타면서 개를 산책시키는 행위는 '안전운전의무위반'에 해당할 수 있으며 보행자나 다른 차량과 부딪힐 경우 법적 책임을 져야 합니다. 또 사고가 나거나 다칠 수 있으니 하면 안 됩니다.

편의점 앞에 매어 놓는 건 위험!

종종 개를 편의점이나 슈퍼 앞에 매어 놓는 경우를 볼 수 있습니다. 그런데 그 짧은 시간에도 실제로 개를 훔치려는 사건이 발생한 적이 있습니다.

불특정 다수가 드나드는 장소는 누군가 개를 가져가도 눈치채기 어려운 위험한 곳이므로 그런 곳에는 개를 두지 맙시다.

마음가짐

매너를 지키는 건 개를 위험에서 보호하는 것이기도 합니다.

늘 같은 곳만 가지 않나요? 산책 코스 정비하기

☑ 다양한 곳을 걸어 봅시다

산책은 개에게 큰 즐거움 중 하나입니다. 의미 없이 걷게 하지 말고, 반려견이 산책을 즐길 수 있도록 신경 씁시다.

항상 같은 코스를 걸으면 지루해 할 수 있으므로, 매일 코스를 바꿔 주는 것이 이상적입니다. 아스팔트 도로 대신에 잔디나 흙 위도 걸으면 뇌에 자극을 주어 치매도 예방됩니다. 같은 범위에서도 돌아가는 장소를 바꾸거나 반대로 돌아가는 등 코스의 일부를 변경하면 새롭게 느껴집니다. 이런 식으로 자극을 줘 봅시다.

스마트폰을 보며 산책하면 보행자나 자전거를 피하기 어렵고 먹으면 위험한 것이나, 담뱃재 등을 발견하지 못합니다. 개는 분위기를 잘 파악하기 때문에 자기에게 관심을 가지지 않고 그냥 걷고 있는지 분위기로 잘 알아챕니다. 산책 중에는 '바람이 기분 좋네' 등 개에게 말을 걸어가면서 견주가 항상 지켜보고 있다는 안도감을 전달합시다.

휴일에는 가족이 함께 산책하거나 공원에서 쉬며 평일에는 맛보기 어려운 즐거움을 만들어 줍시다.

💛 **마음가짐**

반려견과 함께 견주도 산책 시간을 즐깁시다!

그냥 걷기만 하면 재미없어요! 반려견과 이야기도 많이 나눠 주세요.

비 오는 날 산책은 무리하지 않기!

비가 오는 날 산책은 단점이 많습니다. 개가 외출을 싫어할 수도 있으니 쉬어도 괜찮습니다.

 비 오는 날 산책은 필요할까요?

비가 오는 날 하는 산책은 개도 견주도 서로 힘든 일입니다. 그러니 반려견이 실내 배변을 한다면 일부러 산책을 나올 필요는 없습니다. 하지만 실외 배변만 한다면 비 오는 날에는 안전 대비를 잘하고 산책을 나갑시다.

먼저 산책 전에 발바닥의 털 길이를 확인합시다. 발바닥 패드 사이의 털이 너무 길면 잘 미끄러지고 발바닥이 젖으면 불쾌함을 느껴서 걷기 싫어할 수 있으니 너무 길면 잘라 줍시다.

비가 오는 날은 시야 확보가 어려우니 손에는 개의 리드 줄 외에는 아무것도 들지 않는 상태가 안전합니다.

짐은 어깨에 멥시다. 그리고 우산보다는 우비를 입으면 위급한 상황에 재빠르게 대응할 수 있습니다.

한 마리 이상 키우는 경우 안전을 고려해서 귀찮아도 한 마리씩 산책을 나갑시다.

발바닥 패드는 비에 젖으면 붓고 상처를 입기 쉬우므로 갑자기 떨어지는 물체에 특히 주의해야 합니다. 반려견이 거부하지 않는다면 전용 신발을 신기면 걱정이 없습니다.

산책에서 돌아온 후에는 젖은 발과 몸을 닦아 주고 드라이어로 안전하게 말려 주세요.

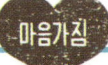 마음가짐

비가 오는 날에는 산책을 짧게 끝내고 실내 놀이로 몸을 움직이게 합시다.

식후, 곧바로 산책하는 건 위험!

☑ 식사와 산책 타이밍을 주의하기

개는 식후 곧바로 산책하면 위험하다는 사실을 알고 있나요? 산책뿐만 아니라 실내에서도 식후에 곧바로 뛰거나 점프하는 등, 격한 운동을 하면 '위 확장(위팽창)·위 염전(위꼬임)'(GDV, Gastric Dilatation-Volvulus)이라는 병이 발생하기 쉽습니다.

위 확장·위 염전은 위 안에 음식물이 발효해 발생한 가스로 위가 부풀고, 원인 불명의 이유로 위가 꼬이는 병입니다. 풍선을 분 것처럼 배가 팽팽하게 부풀고, 토하려 하지만 토하지 못하며 흰 거품이나 침을 흘리고 흥분하며 데굴데굴 구르는 증상을 보입니다.

시간이 지날수록 증상이 심각해지고 위가 꼬이면서 주변의 혈관에도 영향을 끼쳐 혈류 장애로 쇼크 상태에 빠집니다. 대응이 늦으면 생명이 위험하기도 합니다. 이렇게 무서운 병이지만, 명확한 원인은 알 수 없습니다.

단, 식후에 곧바로 운동하거나 빠르게 먹기, 많은 물을 한꺼번에 마시는 등의 행동이 위험을 높인다고 알려져 있습니다.

☑ 식후에는 조용히 쉬게 합시다

산책에서 돌아온 후 곧바로 식사를 주지 맙시다. 산책으로 인한 흥분이 가라앉지 않았는데 식사를 주면 빨리 먹을 위험이 있습니다. 30분 정도 쉬게 한 다음 식사를 줍시다.

식후에도 위에 부담을 주지 않도록 조용하게 휴식해야 합니다. 장난감을 다시 정리하거나 놀이 상대를 해 주지 않는 것이 중요합니다.

만약 식후 산책을 나간다면 2시간 이상 지난 후에 해야 합니다. 이 경우에도 격한 운동은 피하는 것이 좋습니다.

☑ 노령견은 특히 주의!

위 확장·위 염전을 잘 일으키는 견종은

**위 확장·위 염전은 확실한 원인은 모르지만,
최악의 경우 사망할 위험이 있는 병입니다.**

골든 리트리버, 래브라도 리트리버, 도베르만, 그레이트덴 등 가슴이 깊은(가슴의 가로축이 긴) 대형견입니다. 그런데 미니어처 닥스훈트나 웰시 코기, 시츄 등 소형견이나 중형견도 발병하는 사례가 보고되고 있습니다. 그러니 견종에 상관없이 주의해야 합니다.

특히 노령견은 나이가 들면 위의 활동력이 떨어지고, 위를 지탱하는 인대나 근육이 약해져서 운동을 많이 하지 않아도 쉽게 발생합니다.

위 확장·위 염전은 식후 1~4시간이 지난 후 발생하기 때문에 식후 몇 시간 동안 개에게 이상은 없는지 지켜봐야 합니다. 밤에 문제가 생기면 잘 가던 동물 병원이

문을 닫을 수 있으니 가까운 심야 병원 연락처를 미리 알아 둡시다.

마음가짐

**위 확장·위 염전을 막으려면 식후에
는 천천히 쉬게 합시다.**

산책 코스를 잘 짜서 근육 트레이닝을 합시다!

☑ 뒷다리가 약해졌나!?

반려견과 산책할 때 주로 어떤 코스를 걷나요? 콘크리트로 정비된 길은 쉽게 걸을 수 있습니다. 그러나 균형을 잡거나 버티지 않아도 되는 평탄한 길에서는 뒷다리 근육 사용이 적어 앞다리 힘만으로 걷는 습관이 생기게 됩니다. 게다가 개의 몸은 머리를 지탱하는 앞다리에 중심이 잘 쏠리는 경향이 있어 이런 습관이 생기면 뒷다리는 체중의 약 30%만 지탱하게 됩니다.

뒷다리를 의식적으로 사용하지 않게 되면 근력이 거의 쇠퇴하고 등이 말리고 보폭이 짧아지는 등 대사가 떨어져 살이 찌기 쉬워집니다. 심지어 몸을 움직이는 일이 귀찮아지는 등 다른 곳까지 영향을 끼칩니다. 산책 코스는 걷기 쉬운 길만 가지 말고, 가끔은 걷기 어려운 길도 선택해서 근력 향상을 목표로 합시다.

☑ 산책으로 근육 트레이닝 하는 방법

우선 천천히 걷기와 빠르게 걷기를 2~3분씩 교대로 반복하는 '인터벌 산책'에 도전합시다. 걷는 속도를 바꿔 근육에 주는 부담을 조절하면 근력과 지구력을 기를 수 있습니다. 워밍업으로는 천천히 걸으면서 시작합시다.

잔디, 자갈길, 흙길 등 발에 다양한 자극을 주면 평평한 길보다 발바닥 패드에 힘을 주어 버티는 경우가 많아집니다. 특히 모래 위에서는 발이 빠지기 때문에 전신의 균형 감각이 필요해 몸통 근육도 함께 단련됩니다. 풀숲에서 걸으면 발을 올려 앞으로 나가는 힘으로 균형 감각이나 근력 향상을 기대할 수 있습니다. 단, 점프하면 효과가 없으니 천천히 걸을 수 있도록 유도합시다. 공원에서는 뿌리가 튀어나온 부분을 걷거나 뛰어넘으면 뒷다리로 버티는 연습이 가능합니다. 걷기 힘든 장소는 개에게 움직임을 고민하게 만

**언덕길이나 풀숲에서의 산책은 근육을 단련하는 동시에
두뇌를 자극하는 트레이닝입니다.**

들어 신중하게 발을 옮기도록 합니다. 일
종의 머리 체조와 같습니다.

언덕길을 올라가려면 뒷다리로 지탱
하는 힘이 필요해서 다리와 허리를 강화
할 수 있습니다. 노령견이나 관절이 아픈
개는 완만한 곳을 선택합시다.

무리하지 말고 비스듬히 지그재그로
걸으면 경사 정도가 완만해져서 올라가
기 쉬워집니다.

참고로 집에서는 '앉아'와 '일어나'를 반
복하고 쿠션 위에서 걷기를 한다거나, 동
그랗게 만 수건을 넘게 하는 등의 방법으
로 다리와 허리를 단련할 수 있습니다.

 마음가짐

산책할 때 무리하지 않는 선에서
근력 유지에 초점을 맞춥시다.

냄새를 맡는 것 또한 중요한 미션

☑ 냄새는 정보로 가득한 보물 창고

산책 중에 개가 전봇대나 풀숲 등에서 냄새를 맡으면 멈춰서야 해서 조금 귀찮기도 합니다.

하지만 개에게는 산책 중 냄새를 맡는 일도 운동과 마찬가지로 중요합니다. 만족스럽게 냄새를 맡지 못하면 욕구 불만이나 스트레스로 문제 행동을 일으키기도 합니다.

개의 후각은 사람보다 최대 1억 배나 뛰어나다고 합니다. 그래서 약간의 냄새도 맡을 수 있습니다. 야생 시절에는 지면이나 주변에서 나는 냄새로 사냥감인지 동료인지, 적의 냄새를 분간할 만큼 냄새는 중요한 정보원이었습니다.

특히 개의 오줌에는 페로몬이 섞여 있어서 냄새를 맡기만 해도 그 개의 성별, 나이, 배설할 때의 기분이나 몸 상태 등의 정보를 읽을 수 있습니다. 전봇대나 풀숲에서 소변 냄새가 나면 '누구의 어떤 냄새

지?' 라며 호기심이 생겨 냄새를 맡고 싶어 합니다.

☑ 냄새에 집중 중!

후각을 곤두세우고 냄새 맡기에 집중하면 뇌에 자극을 주어 운동과는 다른 기분 좋은 피로감을 느낄 수 있고, 스트레스 해소 효과도 있습니다.

그래서 개가 냄새를 맡는 도중에 무리하게 잡아당겨서 가자고 하는 행동은 마치 우리가 텔레비전을 보고 있는데 갑자기 화면을 확 꺼버리는 감각에 견줄 만큼 스트레스를 받을 수 있습니다. 시간에 여유가 있을 때는 개의 속도에 맞춰서 마음껏 냄새를 맡게 합시다.

열심히 냄새 맡기에 열중할 때는 냄새에 온 신경을 집중하고 있어서 가볍게 부르거나 리드 줄을 잡아당기는 정도로는 꼼짝도 하지 않습니다. 무리하게 리드 줄을 잡아당기면 반사적으로 중심이 뒤로

냄새 맡기는 개의 본능적인 행동이므로, 킁킁 냄새를 맡도록 돕시다.

킁킁

쏠려 그 장소에서 움직이지 않기도 하니 오히려 역효과입니다.

개가 냄새를 충분히 맡았다고 판단되면 말을 걸면서 리드 줄을 살짝 잡아당겨 '앞으로 가자'는 신호를 주어 자연스럽게 가자고 유도할 수 있습니다.

냄새를 맡는 방식은 저마다 다릅니다

한 가지 냄새를 집중해서 맡는 개가 있다면 살짝 맡고 훨씬 많은 냄새에 관심을 갖는 개도 있습니다. 이렇듯 개마다 냄새를 맡는 정도나 방법이 다양합니다. 냄새에 의존해 탐색하는 걸 좋아하는 개는 반려견 전용 운동장에서 자기 눈앞에 다른

개가 있어도 땅에 집중해 냄새를 맡기도 합니다. 충분히 즐길 수 있도록 합시다.

마음가짐

산책 중 냄새를 맡는 행동은 다른 개의 정보를 수집하는 중요한 일입니다.

산책 중 폴짝 뛰는 행동을 주의 깊게 보기!

☑ 무릎이 아파서 뛴다고?

산책 중에 반려견이 깡충깡충 뛰는 행동을 한 적이 있지 않나요? 뒷다리를 올리고 뛰는 모습은 귀엽지만 반복한다면 잘 살펴보아야 합니다. 이 행동은 무릎의 슬개골이 관절에서 빠지는 '슬개골 탈구(통칭 파텔라Patella)라는 관절병으로 인한 통증과 불편함 때문에 한쪽 다리로 뛰고 있을 가능성이 있기 때문입니다.

☑ 슬개골 탈구는 소형견에 많다

슬개골 탈구는 치와와, 토이푸들, 포메라니안 등 소형견에서 많이 보입니다. 한 반려견 보험 조사에 따르면 토이푸들 일곱 미리 중, 한 마리가 발병할 만큼 흔하다고 합니다.

증상의 진행 정도에 따라 1~4등급으로 분류하며 증상이 가장 심한 4등급이 되면 무릎의 뼈가 탈골된 채, 원래 위치로 돌아가지 못하고 보행도 어려워집니다.

발병한 후에는 천천히 진행되니 초기 단계에서 발견하는 것이 중요합니다.

☑ 산책 중 걷는 모습을 확인!

슬개골 탈구의 초기 증상은 무릎 관절에서 빠진 슬개골을 스스로 제자리로 돌리려고 한쪽 다리를 드는 동작이 있는데, 이 모습이 마치 점프하는 것처럼 보입니다. 걸음을 시작할 때 관절이 삐져나오기 쉬우므로 산책을 나설 때, 반려견이 어떻게 걷는지 관찰합시다.

이외에도 무릎 관절에서 빠져나온 슬개골을 원래 위치에 돌려놓기 위해 뒷다리를 뻗거나 무릎에 통증을 느껴서 갑자기 그 자리에 앉아버리거나 발톱이 갈리는 소리가 들리거나 한쪽 다리를 든 채로 걷는 등의 행동을 보일 때도 슬개골 탈구를 의심합니다.

슬개골 탈구는 소형견에게는 흔한 병입니다.

 ## 평소 무릎에 부담을 줄이기

슬개골 탈구의 원인은 주로 성장기의 뼈나 인대, 근육의 형성 이상으로 나타나는 선천적인 것, 그리고 높은 곳에서 뛰어내리거나, 넘어짐, 교통사고 등의 후천적인 경우도 있습니다. 선천적이라면 발병을 완전히 예방하기는 어렵지만 진행을 늦출 수 있습니다. 또한 후천적 발병을 막으려면 평소 생활에서 무릎에 부담을 줄이는 것이 중요합니다.

침대나 소파에서 뛰어내리면 무릎에 부담이 갈 수 있으니 반려견 전용 계단이나 슬로프를 놓아 방지합시다. 테이블이나 의자 위에 올라갈 수 없도록 의자를 꺼내 놓지 맙시다. 거실에는 매트를 깔거나, 미끄럼 방지 왁스를 발라 위험을 방지합시다. 또한 발바닥 힘으로 잘 버티고 설 수 있도록 발톱을 손질하거나 털을 잘 잘라 둡시다. 비만 위험이 있는 개는 체중으로 인해 무릎에 쓸데없는 부담이 가지 않도록 식사량을 조절하여 적정 체중을 유지하도록 합시다.

마음가짐

산책 중에 걷는 방법이 이상하지 않은지 잘 확인하기!

리드 줄 사고나 트러블 조심!

☑ 리드 줄 사고는 흔한 일

산책 중에 리드 줄로 인한 사고나 트러블이 증가하고 있습니다. 리드 줄은 느슨하게 들고 있으면 안됩니다. 손잡이 고리 부분에 손목을 넣어서 손바닥으로 꽉 잡으면 반려견이 갑자기 당겨도 놓칠 위험이 없습니다.

신축성이 좋은 리드 줄은 손잡이 부분이 작아서 움켜쥐듯이 잡아야 하고 무거워서 간혹 덜컹 소리를 내면서 손에서 떨어지면 그 소리에 반려견이 놀라 뛰기도 합니다. 스트랩을 달아서 떨어지지 않도록 방지합시다.

☑ 적당한 리드 줄의 길이는?

산책 중에 리드 줄이 너무 길면 개가 갑자기 움직였을 때 제어할 수 없습니다. 도로에 뛰어들거나 모퉁이에서 보행자와 만나 머리를 부딪치는 등 사고 위험이 큽니다.

한편 리드 줄을 팽팽할 정도로 짧게 잡으면 목이나 몸통이 조여 개가 스트레스를 받습니다. 조금 여유 있게 견주 옆이나 한 걸음 정도 떨어질 정도의 길이를 유지합시다.

신축성이 좋은 리드 줄은 평소 쓰는 리드 줄보다 얇고 좁은 타입이 많습니다. 저녁 이후에는 잘 보이지 않으니 특히 주의해야 합니다. 리드 줄이 긴 상태라는 것을 까먹고 자전거에 부딪히는 등의 사고로 이어질 위험성이 있습니다. 사람이 걷는 길에서 신축성 리드 줄은 길이를 늘리지 말고, 잠금 장치로 짧은 상태를 유지해야 합니다.

원터치로 길이를 조절할 수 있는 신축성 리드 줄은 매력적이지만 개가 달리는 도중에 갑자기 잠금장치가 걸려버리면 목을 조일 수 있습니다. 그러면 개는 채찍질을 당하는 것과 비슷한 강한 충격과 고통을 느낍니다.

평소 산책에서는 평범한 리드 줄을 사

리드 줄은 너무 짧거나 길지 않게,
적당한 길이를 유지합시다.

용하고 광장이나 큰 공원 안에서만 신축성 리드 줄을 사용하는 등 상황에 맞춰 사용하는 편이 반려견의 몸에 가는 부담을 줄입니다.

☑ 리드 줄의 상태를 잘 확인하기

리드 줄이 낡았는지 정기적으로 확인합니다. 금속 트리거 축 아래에 고무줄을 끼워서 스토퍼 대신에 사용하면 리드 줄이 갑자기 풀리는 일이 줄어듭니다.

몸통을 감싸고 가슴에 하는 하네스는 잘 안 풀릴 것 같지만 앞부분의 장치가 헐렁하면 개가 뒤에서 잡아당겼을 때, 빠질 위험이 있습니다. 옷을 입히려고 하네스

를 느슨하게 조정한 후 원래대로 되돌리지 않은 것을 잊고 옷을 입지 않은 날에도 그대로 착용하지 않도록 주의합시다. 또한 하네스나 목줄은 손가락 하나 정도 들어갈 만큼의 여유를 둡시다.

마음가짐

반려견의 몸을 지키기 위해서 리드 줄을 올바르게 사용합시다.

산책으로 더러워진 발, 꼼꼼히 닦는 건 금물!

 ### 꼼꼼하게 씻었다고 좋은 것이 아니다!

산책에서 돌아온 후 반려견의 발을 매일 열심히 닦고 있지는 않나요? 열심히 닦는 것이 좋은 건 아닙니다. 더러운 정도에 따라 씻는 방법을 바꾸면 개에게 쓸데없는 스트레스를 주지 않고 발바닥의 부담을 줄일 수 있습니다. 더러운 정도에 따라 다양한 방법을 소개합니다.

 ### 젖은 수건은 물기를 꽉 짜기

젖은 수건으로 닦을 경우 수건을 꽉 짜서 발바닥이 젖지 않도록 합시다. 물기가 많은 수건으로 닦으면 잘 닦았다고 착각하지만 실제로는 때가 잘 닦이지 않은 경우가 있습니다.

발톱이 난 부분과 중심 부분의 발바닥 패드 사이에 움푹 들어간 곳은 먼지나 쓰레기가 끼기 쉽습니다. 그러니 그 사이를 잊지 말고 꼭 닦아야 합니다.

다 닦은 후에도 물기가 있다면 흡수성이 높은 수건으로 물기를 닦읍시다.

물기가 남아 있으면 균이 번식하기 쉽습니다. 또한 개가 물기를 신경써 핥으면 염증이 생길 수 있으니 주의합시다.

 ### 아기용 물티슈도 OK

물티슈를 사용할 때는 알코올을 사용하지 않은 것을 선택할 것. 알코올이 함유되지 않은 것은 개가 발을 핥아도 문제가 없습니다. 그러니 아기용 물티슈를 사용해도 괜찮습니다. 젖은 수건과 마찬가지로 수분이 남아 있다면 수건으로 말립시다.

샤워하며 부드럽게 씻기

흙이나 빗물 등으로 많이 더러워졌다면 샤워로 깨끗이 합시다. 강하게 문지르면 필요한 피지나 윤기까지 빼앗겨 건조해지기 쉽습니다. 그러니 손으로 부드럽

심하게 더럽지 않다면, 젖은 수건으로 닦아 주는 것도 OK. 샤워 후에는 습기와 건조함에 대비해 꼼꼼히 관리합시다!

게 마사지하듯이 씻깁시다. 물만으로 깨끗해진다면 샴푸를 사용할 필요는 없습니다. 씻은 후 물기가 남지 않도록 수건으로 물기를 닦아 말려 완벽하게 건조합니다. 건조함이 신경 쓰인다면 발바닥용 크림을 발라 보습을 해 줍시다.

☑ 껌을 밟았을 경우

산책 중에 개가 껌을 밟았다면 무리하게 떼지 맙시다. 껌이 유분에 녹는 성질을 이용해서 올리브오일이나 샐러드용 오일로 문질러 비비면 쉽게 떨어집니다.

껌을 뗀 후에는 샴푸로 유분을 씻어내 주세요.

마음가짐

더러운 정도에 따라 씻기는 방법을 바꿉시다.

밤 산책은 낮보다 위험한 것이 잔뜩!

☑ 라이트를 켜서 안정성을 확보하기

밤 산책은 시야 확보가 어렵기 때문에 평소 잘 걷던 코스라도 조심해야 합니다.

자전거나 조깅 중인 사람은 견주와 개보다 보행 속도가 빠르고 진행 방향에만 시선을 집중하고 있어서 지면과 가깝게 있는 개를 잘 발견하지 못합니다. 그래서 가로등이 없는 길에서는 부딪힐 뻔한 일도 꽤 많이 발생합니다.

이때 멀리서도 개를 잘 볼 수 있도록 목줄이나 하네스, 리드 줄 등에 라이트를 켭시다. 산책 시간대와 상관없이 개는 차도와 반대쪽으로 걷게 하고, 모퉁이에서는 반려견을 안쪽으로 이동시키는 등 사고가 발생할 수 있는 징소를 예측합시다. 갑작스러운 상황에 대비하여 리드 줄은 낮보다 짧게 쥡시다. 밤에는 땅에 떨어져 있는 음식이나 유리 등도 잘 안 보입니다. 그러니 길이 어둡다면 개가 걷는 쪽에 손전등을 비춰서 위험한 것이 없는지 확인합시다.

마음가짐

밤 산책은 낮보다 훨씬 주의 깊게, 안전을 확인합시다.

어두울 때도 개의 존재를 잘 확인할 수 있도록 라이트를 켭시다. 특히 검은색 털이나 갈색 털을 한 소형견은 잘 안 보일 수 있으니 조심!

산책 시간은
어느 정도가 적절할까?

 반려견의 산책 스타일은 ?

반려견과 산책할 때 보통 얼마나 걸리나요? 소형견보다 대형견은 하루에 필요한 운동량이 많아서 저절로 산책 시간도 길어집니다. 잭 러셀 테리어나 미니어처 슈나우저 등 소형견이라도 운동량이 필요한 견종은 그저 걷기만으로 만족하지 못합니다.

활발한 성격과 느긋한 성격 등 성격에 따라 산책 스타일도 다릅니다. 걷거나 달리는 등 어떻게든 몸을 움직이고 싶어 하는 개도 있지만, 조용히 바깥 냄새를 맡으면서 천천히 산책하는 것을 좋아하는 개도 있습니다. 반려견이 산책할 때 무엇을 가장 즐거워하는지를 알면, 짧은 시간이라도 만족스러운 산책이 가능합니다.

반려견이 산책을 마치고 집에 돌아와 침대에서 편안히 쉬고 있다면 운동량이 충분했다는 증거입니다. 집에 돌아온 이후에도 마구 달리거나 흥분 상태라면 산책 시간을 늘려 운동량을 늘려 줍시다. 여름도 아닌데 산책 중에 또는 집에 돌아온 후에 괴로운 듯이 호흡한다면, 운동량이 너무 많다는 것이니 산책 시간을 줄입시다.

 마음가짐

필요한 산책 시간은 개인차가 있습니다. 시간이 아니라 질이 중요합니다!

필요한 운동량과 성격에 맞춰 산책 시간을 조절합시다.

반려인의 고민에 공감해 주는
101가지 테마

꼬리로 알 수 있다! 사랑하는 반려견의 마음
본능을 잊은 걸까? 신기한 행동들
더 친해질 수 있는 마사지
밥 먹기 전 '기다려'는 사실 NG?